Mathematische Modellierung

Eine Einführung in die Problematik

Von Prof. Dr. rer. nat. Werner Krabs
Technische Hochschule Darmstadt

 B. G. Teubner Stuttgart 1997

Prof. Dr. rer. nat. Werner Krabs

Geboren 1934 in Hamburg-Altona. Von 1954 bis 1959 Studium der Mathematik, Physik und Astronomie an der Universität Hamburg, Abschluß als Diplom-Mathematiker, 1963 Promotion. 1967/68 Visiting Assistant Professor an der University of Washington in Seattle. 1968 Habilitation im Fach Angewandte Mathematik an der Universität Hamburg. Von 1970 bis 1972 Wiss. Rat und Professor an der RWTH Aachen. 1971 Visiting Associate Professor an der Michigan State University in East Lansing. Seit 1972 Professor an der TH Darmstadt. 1977 Visiting Full Professor an der Oregon State University in Corvallis. Von 1979 bis 1981 Vizepräsident der TH Darmstadt. Von 1986 bis 1987 Vorsitzender der Gesellschaft für Mathematik, Ökonomie und Operations Research.

Die Deutsche Bibliothek – CIP-Einheitsaufnahme

Krabs, Werner:
Mathematische Modellierung : eine Einführung in die
Problematik / Werner Krabs. – Stuttgart : Teubner, 1997
  ISBN 978-3-519-02635-8   ISBN 978-3-322-91135-3 (eBook)
  DOI 10.1007/978-3-322-91135-3

Vorwort

Im landläufigen Mathematikunterricht an Schulen und Hochschulen wird die Mathematik überwiegend als eine geistige Disziplin vermittelt, in der es um die Klarheit und Stringenz des Denkens geht. Systematik und formale Eleganz der Darstellung stehen im Vordergrund. Dabei wird aber ignoriert, daß die Mathematik nicht allein aus sich heraus lebt, sondern in andere Bereiche unserer Kultur eingebunden ist. Ohne allzusehr zu übertreiben, kann man sogar behaupten, daß sie ein integrativer Bestandteil unserer technologischen Welt ist und damit einen Einfluß ausübt, der weit über ihr Selbstverständnis hinausgeht.

Mit der Sprache der Mathematik lassen sich auch nicht-mathematische Inhalte, zumindest bis zu einem gewissen Grade ausdrücken. Man gelangt auf diese Weise oft zu Einsichten, die man ohne die Sprache der Mathematik nicht so klar und präzise ausdrücken könnte. Man muß dabei allerdings auch beachten, daß mit der Umsetzung nicht-mathematischer Sachverhalte in Mathematik eine starke Vereinfachung einhergeht als Preis für die mathematische Abstraktion. Diese Vereinfachung muß bei der Interpretation der durch Mathematik gewonnenen Einsichten berücksichtigt werden.

Der Zweck dieses Buches besteht darin, die soeben skizzierte Rolle der Mathematik ins Bewußtsein der Mathematiker zu bringen.

Danken möchte ich Frau A. Garhammer für das Schreiben dieses Buchtextes auf dem Computer und Herrn S. Bott für die Herstellung der Graphiken.

Darmstadt, Juli 1996

Inhaltsverzeichnis

1 Problemstellung

1.1 Einleitende Betrachtungen

Mathematische Methoden und Denkweisen sind heutzutage nicht nur unentbehrliche Hilfsmittel der exakten Naturwissenschaften, sondern dringen in immer neue Gebiete vor, wie Medizin, Biologie, Soziologie und Wirtschaftswissenschaften, um nur einige zu nennen. In der Mathematisierung einer Wissenschaft wird oft geradezu deren Erhebung in den Rang einer exakten Wissenschaft gesehen, deren Ergebnisse unter Verwendung mathematischer Methoden einen besonderen Grad an Richtigkeit und Zuverlässigkeit erlangen. Während aber in den exakten Naturwissenschaften die Mathematik bereits in ihre Begründung, sozusagen als Sprache und Ausdrucksform, unlöslich eingebunden ist, ist es in anderen Bereichen von vornherein gar nicht klar, ob die zu beschreibende Realität sich überhaupt auf mathematische Begriffe und Strukturen abbilden läßt. Und selbst, wenn das gelingt, ist nicht klar, ob die mit der Sprache der Logik als der Sprache der Mathematik erzielten Implikationen tatsächlich das Wesen der Sache erfassen.

Zum Beispiel läßt sich in der mathematischen Theorie der Gesellschaftsspiele das rationale Verhalten der beiden Spieler bei einem Zwei-Personen-Nullsummen-Spiel mit Hilfe des von Neumann'schen Max-Min = Min-Max-Prinzips mathematisch überzeugend beschreiben. Die diesem Prinzip innewohnende Vorsicht, die von der pessimistischen Annahme des ungünstigsten Falles ausgeht, kann man aber füglich als normale Verhaltensweise eines Spielers bezweifeln.

Ein grundsätzliches Dilemma bei der mathematischen Modellierung einer wissenschaftlichen Disziplin ist häufig das Fehlen überprüfbarer Gesetzmäßigkeiten, die sich mathematisch formulieren lassen, wie etwa die Grundgesetze der Mechanik. Diese fehlenden Gesetzmäßigkeiten müssen in der Regel durch theoretische Annahmen ersetzt werden, die mehr oder minder plausibel sind. Oft wird auch versucht, diese Annahmen empirisch zu überprüfen, wobei allerdings die Gefahr besteht, daß in den Mechanismus der Überprüfung diese Annahmen implizit miteinbezogen werden. Das geschieht oft in der Weise, daß die Implikationen der Annahmen überprüft werden. Als ein Beispiel dafür sei hier die Faktorenanalyse (vgl. Abschnitt 1.4.2) genannt. Bei dieser geht es darum, in einem Modell der linearen Algebra aus gewissen Merkmalen, die als Vektoren eines N-dimensionalen Raumes dargestellt werden, Faktoren im gleichen Raum abzuleiten, aus denen sich die Merkmale linear kombinieren lassen. Um dieses Modell zu überprüfen, wurde eine Personengruppe gebeten, Rechtecke durch visuellen Vergleich untereinander in Bezug auf ihre Größe zu beurteilen. Gesucht waren die Kriterien für diese Beurteilung. Das mathematische Modell lieferte auf Grund der experimentellen Daten zwei ausschlaggebende Faktoren, die man als Beurteilung nach der Größe des Flächeninhaltes oder nach der Größe des Umfanges des Rechtecks interpretieren kann. Das ist zwar plausibel, aber keinesfalls ein Beweis dafür, daß im allgemeinen Merkmale in linearer Weise von Faktoren abhängen.

Hat sich eine theoretische Annahme in einer mathematisch modellierten Disziplin jedoch erst einmal als erfolgreich erwiesen, so wird sie leicht zu einem Dogma, welches unreflektiert in allen Fällen übernommen und auch auf Nachbargebiete übertragen wird.

Was hier zunächst einmal notwendig erscheint, ist eine Methodik zur Gewinnung von theoretischen Hypothesen und deren Überprüfung auf Stichhaltigkeit. Ein strenger Beweis für die Richtigkeit einer Hypothese ist prinzipiell nicht möglich; denn sonst wäre sie keine Annahme, sondern eine nachweisbare Tatsache.

Als Richtschnur zur Aufstellung sinnvoller Hypothesen kann man sich eine Vorgehensweise innerhalb der Mathematik selber zum Vorbild nehmen, nämlich die sachgemäße Formulierung eines mathematischen Problems. Diese liegt dann vor, wenn eine eindeutige Lösung existiert, welche stetig von den in die Problemformulierung eingehenden Parametern abhängt. Setzt man die Problemformulierung zur Aufstellung von Hypothesen und die Problemlösung zur Implikation aus den Hypothesen in Parallele, so ergibt sich aus der Forderung der Eindeutigkeit der Problemlösung auch die Forderung der Eindeutigkeit der Implikation aus den Hypothesen. Die Forderung der stetigen Abhängigkeit der Problemlösung von den Parametern entspricht dann der Forderung der Unempfindlichkeit der Implikation gegenüber einer sinnvollen Abänderung der Hypothesen. In dieser steckt sehr viel Ermessensspielraum, so daß eine methodische Umsetzung sehr problematisch erscheint.

Die Forderung der Eindeutigkeit der Implikation aus gewissen Hypothesen werden wir in Abschnitt 1.2 am Begriff der Information erläutern.

Wir wollen zum Abschluß dieses Abschnittes Schema und Praxis der mathematischen Modellierung skizzieren.

Am Anfang einer jeden mathematischen Modellierung steht in der Regel die Bestimmung der Daten, mit deren Hilfe Objekte, Ereignisse, Verhaltensweisen und dergleichen mathematisch abgebildet oder dargestellt werden. Die Festlegung dieser Daten kann in ganz unterschiedlicher Weise erfolgen. Im Normalfall werden Daten durch Zahlen ausgedrückt, die direkt gemessen oder indirekt durch Befragung, Abzählung, Anordnung usw. ermittelt werden. Mit Hilfe dieser Daten sollen dann Zusammenhänge zwischen den untersuchten Objekten, Ereignissen, Verhaltensweisen und dergleichen ermittelt werden. Das ist in der Regel auf Grund der Struktur der Daten unmittelbar nicht möglich. Man operiert anstattdessen mit Größen, die aus den Daten abgeleitet werden können und die angebbaren Gesetzmäßigkeiten unterliegen, die sich mathematisch formulieren lassen. Diese Gesetzmäßigkeiten sollten sich entweder mathematisch überprüfen lassen oder auf mehr oder minder plausiblen Hypothesen beruhen. Als Kriterium für die Akzeptanz der Hypothesen kann man die Eindeutigkeit, Plausibilität und "robuste" Abhängigkeit der sich aus ihnen ergebenden Implikationen gegenüber Hypothesenänderung zugrundelegen.

Am Schluß steht die Rückinterpretation der mathematichen Schlußfolgerungen und deren inhaltliche Wertung.

In diesen Vorgang sollte der Mathematiker als kritische Instanz von Anfang bis Ende eingebunden sein. In der Regel wird er allerdings nur in den Teil eingeschaltet, der von den Hypothesen zu den Schlußfolgerungen führt und der eigentlich mathematische ist. Die Datenermittlung, Hypothesenbildung und Interpretation der Implikationen eines mathematischen Modells werden in der Regel von den Mathematikern den Anwendern überlassen. Oft werden die Mathematiker überhaupt nicht einbezogen, weil sie entweder nur an der Mathematik und nicht an ihrem Bezug zur Realität interessiert sind oder weil die Anwender glauben, Mathematik auch ohne Hilfe der Mathematiker praktizieren zu können.

1.2 Die Mathematik als Sprache

Bei der mathematischen Formulierung eines Sachverhaltes kommt es zunächst einmal darauf an, festzustellen ob eine solche Formulierung überhaupt möglich ist. Dabei stellt sich zumeist heraus, daß der Sachverhalt nur unter gewissen Teilaspekten mathematisch erfaßt werden kann, und zwar unter solchen Aspekten, die einer logisch geprägten Begrifflichkeit zugänglich sind und vielleicht darüber hinaus noch quantitativ numerisch erfaßt werden können.

Eine Mathematisierung bedeutet im Grunde eine Umsetzung eines Sachverhaltes in die Sprache der Mathematik, und diese ist durch die Prinzipien der formalen Logik geprägt. Sie kann daher nur das erfassen, was unter Verwendung logischer Prinzipien formalisiert werden kann. Wir wollen das an zwei Begriffen der Umgangssprache erläutern: Der erste ist der Begriff "Information" und der zweite der Begriff "Konflikt".

Betrachtet man den Begriff Information unter soziologischen und psychologischen Aspekten, so stellt man bald fest, daß er mit Mathematik kaum erfaßt werden kann. Auch ist es schwer möglich, eine präzise mathematische Definition des Begriffes Information anzugeben, die den Begriff intensional, d.h. aus der Sicht der Inhalte, befriedigend beschreibt. Verkürzt man jedoch den Begriff auf den Informationsgehalt einer Nachricht, so stellt sich heraus, daß der Shannon'sche Begriff der Entropie den Begriff Informationsgehalt adäquat und in gewisser Weise sogar eindeutig beschreibt. Wir wollen das hier nicht im Einzelnen darlegen und verweisen dazu auf das Buch von Zeemanek über Elementare Informationstheorie. Anstattdessen wollen wir hier einen anderen mathematischen Zugang zum Begriff Information angeben, der diesen mit einem zweiten in Verbindung bringt, nämlich dem eines Versuches, den man unternimmt, um sich Information zu verschaffen. Worin dieser Versuch besteht, bleibt offen und ist daher auf mannigfache spezielle Situationen anwendbar. Vorgegeben werden nur k Ausgänge des Versuches, von denen zunächst angenommen wird, daß sie gleichwahrscheinlich sind. Als Information über den Ausgang eines solchen Versuches denkt man sich nun eine meßbare Größe $f = f(k)$, die nur von der Anzahl k seiner Ausgänge (und nicht von deren inhaltlicher Bedeutung) abhängt. Deutet man diese Information als Grad der Ungewißheit über deren Ausgang, dessen Werte nichtnegative reelle Zahlen sind, so erweisen sich die drei folgenden Hypothesen als sinnvoll:

1) $f(1) = 0$, d.h., die Ungewißheit über den Ausgang ist gleich Null, wenn der Versuch nur einen Ausgang besitzt.

2) $f(k) < f(\ell)$, falls $k < \ell$ ist, d.h., die Ungewißheit über den Ausgang eines Versuches wächst streng monton mit der Anzahl seiner Ausgänge.

3) $f(k \cdot \ell) = f(k) + f(\ell)$, d.h., die Ungewißheit zweier Versuche mit gleichwahrscheinlichen Ausgängen, die voneinander unabhängig sind, ist gleich der Summe der Ungewißheiten der beiden Versuche.

Dabei denkt man sich zwei derartige Versuche als einen Versuch, dessen Ausgänge alle Paare von Ausgängen der beiden vorgegebenen Versuche sind.

Aus diesen drei Hypothesen ergibt sich zwingend bis auf eine positive Konstante $c \in I\!R$ (als Skalierungsfaktor) die eindeutige Darstellung

$$f(k) = c \cdot^a \log k \quad \text{für} \quad k = 1, 2, 3, \ldots$$

und eine beliebige Basis $a > 1$.

Diese Darstellung wird eindeutig ohne Zusätze, wenn man als Einheit für die Information (oder Ungewißheit) 1 Bit, d.h. eine duale Einheit (einer Ja-Nein-Entscheidung) wählt, was auf die Wahl $c = 1$ und $a = 2$ hinausläuft.

Läßt man die Forderung der Gleichwahrscheinlichkeit der Ausgänge fallen und wählt stattdessen als Wahrscheinlichkeit für den i-ten Ausgang eine Zahl $p_i \geq 0$, so daß gilt $\sum_{i=1}^{k} p_i = 1$, so läßt sich aus 4 plausiblen Hypothesen die Ungewißheit $U = U(p_1, \ldots, p_n)$ über den Ausgang eines Versuches bis auf eine positive Konstante $c \in I\!R$ und eine Basis $a > 1$ eindeutig darstellen als

$$U(p_1, \ldots, p_n) = c \sum_{i=1}^{k} p_i \, ^a\!\log \frac{1}{p_i}$$

(vgl. dazu [3]). Für $c = 1$ und $a = 2$ steht auf der rechten Seite der letzten Gleichung der mathematische Ausdruck, den Claude Shannon auf anderem Wege für den Informationsgehalt einer Nachricht hergeleitet hat.

Bei der Mathematisierung des Begriffes Information wird dieser also reduziert auf den Begriff der Ungewißheit, die, ins Positive gewendet, so etwas wie Überraschung ausdrückt, was zweifellos einen Teil der Information ausmacht. Die Ungewißheit wird mathematisch über den Begriff der Wahrscheinlichkeit erfaßt und läßt sich dann sogar im wesentlichen auf eindeutige Weise quantitativ festlegen und damit messen.

Ein anderer Zugang, der in der Nachrichtentechnik bevorzugt wird, ist die Rückführung des Begriffes Information auf sogenannte Elementarentscheidungen (Ja-Nein-Entscheidungen), die sich mathematisch durch die Binärziffern 0 und 1 ausdrücken lassen. Das führt dann dazu, daß man sich Nachrichten durch Folgen von Binärziffern verschlüsselt denkt und versucht, diesen einen meßbaren Informationsgehalt zuzuordnen. Auf diesem Wege ist Claude Shannon als Elekrotechniker zum Begriff der Entropie gelangt.

Wenden wir uns nun einer mathematischen Erfassung des Begriffes Konflikt zu! Hier geht es uns genauso wie bei der Information. Die Vielschichtigkeit des Begriffes läßt eine eindeutige mathematische Beschreibung sicher nicht zu, so daß wir zunächst eine Einengung vornehmen müssen. Wir wollen uns zwei Kontrahenten vorstellen, die ihren Konflikt im Rahmen eines "Spieles" austragen. Um etwas Konkretes vor Augen zu haben, denken wir an den ehemaligen Ost-West-Konflikt der beiden Großmächte USA und UdSSR, in dem es primär um die Frage des Auf- und Abrüstens ging ([1]). Beide "Spieler" haben die Strategien Aufrüsten (A wie armament) und Abrüsten (D wie disarmament). Die vier denkbaren Strategienpaare lassen sich wie folgt in einer Spielmatrix zusammenfassen:

	USA	
UdSSR	(A,A)	(A,D)
	(D,A)	(D,D)

Dabei steht an erster Stelle die Strategie der UdSSR und an zweiter Stelle die der USA. Entscheidend für die Austragung des Konfliktes sind die folgenden Präferenzregeln:

R 1. Beidseitige Abrüstung wird beidseitiger Aufrüstung vorgezogen.

R 2. Eigene Abrüstung bei gegnerischer Aufrüstung wird ungünstiger bewertet als beidseitige Aufrüstung.

R 3. Eigene Aufrüstung bei gegnerischer Abrüstung wird beidseitiger Abrüstung vorgezogen.

Symbolisch lassen sich diese Regeln wie folgt darstellen:

$$(A, D) > (D, D) > (A, A) > (D, A)$$

(aus der Sicht der UdSSR) oder

$$(D, A) > (D, D) > (A, A) > (A, D)$$

(aus der Sicht der USA).

Dabei bedeutet das Zeichen ">", daß das links davon stehende Strategienpaar dem rechts davon stehenden vorgezogen wird.

Zweifellos ist das Strategienpaar (D, D) für beide Seiten das erstrebenswerteste. Die beiden Relationen

$$(A, D) > (D, D) \quad \text{und} \quad (D, A) > (D, D)$$

zeigen jedoch, daß das Paar (D, D) nicht zu einem Gleichgewichtszustand führt, denn der Gegner kann sich durch Abweichen einen Vorteil verschaffen. Anders ist es bei dem Strategienpaar (A, A). Hier gelten die Relationen

$$(A, A) > (D, A) \quad \text{und} \quad (A, A) > (A, D) \, ,$$

und durch Abweichen kann sich der Gegner nur einen Nachteil einhandeln.

Die Präferenzregeln R 1, R 2 und R 3 führen also zwangsläufig zu dem Paar (A, A) als Garant für einen Gleichgewichtszustand.

Was sich dahinter verbirgt, ist im Grunde die Rationalität des Mißtrauens, die ja bekanntlich auch zu der jahrelangen "Rüstungsspirale" geführt hat. Die mathematische Beschreibung hat dieses Faktum nur rational transparent gemacht und aller Ideologie entkleidet.

1.3   Die Bewertung eines Modells anhand der Analyse eines sozialen Netzwerkes

Den folgenden Ausführungen liegt eine wissenschaftliche Studie der beiden Soziologen F.U. Pappi und P. Kappelhoff von der Universität Kiel über "Abhängigkeit, Tausch und kollektive Entscheidung in einer Gemeindeelite" zugrunde, die im Rahmen eines DFG-Projektes entstanden ist und im August 1983 als Manuskript vorgelegt wurde. In dieser Studie geht es um die Analyse der Abhängigkeitsbeziehungen zwischen den Akteuren einer Gemeindeelite in Bezug auf gewisse kollektive Zielsetzungen, wie z.B. Bau einer Schule, Bau einer Umgehungsstraße, Bau eines Schwimmbades, Einrichtung eines neuen Industriegebietes usw..

Bei den Akteuren bestehen unterschiedliche Interessen an den einzelnen Zielsetzungen und auch unterschiedliche Einflußnahmen auf diese. Die Einflußnahmen wollen wir im Folgenden kurz mit Kontrolle der Ziele (oder auch Objekte) bezeichnen.

Der erste Schritt zu einer mathematischen Modellierung besteht in der quantitativen Erfassung der beiden Begriffe "Interesse an einem Objekt" und "Kontrolle über ein Projekt". Das Interesse an einem Objekt wird über den positiven und negativen Nutzen des Objektes für den Akteur definiert. Ist etwa $u_{ij}^+ \geq 0$ bzw. $u_{ij}^- \geq 0$ der Nutzen des i-ten Objektes $(i = 1, \ldots, m)$ für den j-ten Akteur $(j = 1, \ldots, n)$, wenn er sich für bzw. gegen das Objekt entscheidet, so wird das Interesse von Akteur j am Objekt i definiert durch

$$y_{ij} = \frac{u_{ij}^+ - u_{ij}^-}{\sum\limits_{i=1}^{m} |u_{ij}^+ - u_{ij}^-|} \; . \tag{1.1}$$

Die vorgenommene Normierung führt für jeden Akteur dazu, daß sich seine absoluten, d.h. ungerichteten, Interessenswerte $x_{ij} = |y_{ij}|$ für alle $i = 1, \ldots, m$ zu 1 summieren:

$$\sum_{i=1}^{m} x_{ij} = 1 \quad \text{für alle} \quad j = 1, \ldots, n \; . \tag{1.2}$$

Bei der vorliegenden Studie wurden die absoluten Interessenswerte $x_{ji} = |y_{ji}|$ mit y_{ji} nach (1.1) anhand einer Prozentskala direkt erfragt.

Bei der quantitativen Festlegung der Kontrolle c_{ij} des Akteurs j über das Objekt i geht man von gewissen Ressourcen r_{kj} aus, die für $k = 1, \ldots, s$ dem Akteur $j \in \{1, \ldots, n\}$ zur Verfügung stehen und die sich für jedes k bezüglich j zu Eins addieren, d.h.:

$$\sum_{j=1}^{n} r_{kj} = 1 \quad \text{für alle} \quad k = 1, \ldots, s \; . \tag{1.3}$$

Weiter nimmt man an, daß sich die Wirksamkeit f_{ik} der Ressource k auf das Objekt i messen läßt und daß die Gesamtwirksamkeit aller Ressourcen auf ein Objekt i sich zu Eins ergibt, d.h. es gilt

$$\sum_{k=1}^{s} f_{ik} = 1 \quad \text{für alle} \quad i = 1, \ldots, m \ . \tag{1.4}$$

Aus den Ressourcenwerten r_{kj} und den Wirksamkeitswerten f_{ik} werden dann die Werte c_{ij} für die Kontrolle von Akteur $j \in \{1, \ldots, n\}$ über das Objekt $i \in \{1, \ldots, m\}$ definiert als

$$c_{ij} = \sum_{k=1}^{s} f_{ik} \, r_{kj} \ , \tag{1.5}$$

so daß sich aus (1.3) und (1.4) die Normierung

$$\sum_{j=1}^{n} c_{ij} = \sum_{j=1}^{n} \sum_{k=1}^{s} f_{ik} r_{jk} = \sum_{k=1}^{s} f_{ik} \underbrace{\sum_{j=1}^{n} r_{kj}}_{=1}$$
$$= \sum_{k=1}^{s} f_{ik} = 1 \text{ für } i = 1, \ldots, m \tag{1.6}$$

ergibt.

Über die tatsächliche Ermittlung der Größen r_{kj} und f_{ik} werden in der Studie keine präzisen Angaben gemacht.

Mit der Ermittlung der Werte x_{ij} für die absoluten Interessen der Akteure über die Objekte und der Werte c_{ij} der Kontrolle der Akteure über die Objekte ist für das aufzustellende mathematische Modell die Bestimmung seiner Daten abgeschlossen.

Der nächste Schritt besteht darin, anhand dieser Daten die Abhängigkeiten der Akteure voneinander zu beschreiben. Die grundlegende Hypothese lautet dabei folgendermaßen: Die Abhängigkeit eines Akteurs j von einem Akteur l in Bezug auf ein Objekt i ist gleich dem Produkt $x_{ij} \cdot c_{il}$, und die Abhängigkeit z_{jl} des Akteurs j von dem Akteur l in Bezug auf alle Objekte ist gegeben durch

$$z_{jl} = \sum_{i=1}^{m} x_{ij} \, c_{il} \ . \tag{1.7}$$

Man könnte diese Beziehung auch als Definition der Abhängigkeit z_{jl} verwenden. Aus den Normierungen (1.2) und (1.6) ergibt sich

$$\sum_{l=1}^{n} z_{jl} = \sum_{l=1}^{m} \sum_{i=1}^{m} x_{ij} c_{il} = \sum_{i=1}^{m} x_{ij} \underbrace{\sum_{l=1}^{n} c_{il}}_{=1}$$
$$= \sum_{i=1}^{m} x_{ij} = 1 \text{ für alle } j = 1, \ldots, n \ . \tag{1.8}$$

Da die Abhängigkeitsmatrix $Z = (z_{jl})$ auf Grund von (1.8) eine stochastische Matrix ist, besitzt sie einen Linkseigenvektor $p = (p_1, \ldots, p_n)^T$ mit $p_j \geq 0$ für $j = 1, \ldots, n$ zum Eigenwert 1, d.h. es gilt

$$p_j = \sum_{l=1}^{n} z_{lj}\, p_l \text{ für alle } j = 1, \ldots, n \; . \tag{1.9}$$

Den Linkseigenvektor p von z zum Eigenvektor 1 können wir uns auch normiert denken, so daß gilt

$$\sum_{j=1}^{n} p_j = 1 \; . \tag{1.10}$$

Interpretiert man die j-te Komponente p_j von p als Machtanteil des Akteurs j im Geflecht der Abhängigkeiten aller Akteure, so beschreiben die Gleichungen (1.9) ein Machtgleichgewicht als eine Gesetzmäßigkeit, die sich aus den bisherigen Annahmen ergibt. Wesentlich sind dabei die Normierungsannahmen (1.2) und (1.6) (als Folge von (1.3) und (1.4)), die zum Ausdruck bringen, daß die Akteure ihre absoluten Interessen und ihre Kontrollen voll auf die vorliegenden Objekte konzentrieren und dabei ihre Ressourcen voll zum Einsatz bringen und in ihrer Wirksamkeit ausschöpfen. Durch Ermittlung eines nicht-negativen normierten Linkseigenvektors p der Abhängigkeitsmatrix $Z = (z_{jl})$ zum Eigenwert 1 läßt sich zwar die Machtverteilung der Akteure in einem Netz von Abhängigkeiten berechnen, über die empirische Überprüfung dieser Machtverteilung wird aber in der Studie keine Aussage gemacht.

Immerhin stellt das durch (1.9) ausgedrückte Machtgleichgewicht eine eindeutige und auch plausible Schlußfolgerung aus den gemachten Hypothesen dar. Auch die Rückinterpretation des mathematischen Ergebnisses im Rahmen des Abhängigkeitsmodells bietet sich zwanglos an.

Eine inhaltliche Wertung dieses Ergebnisses läuft in diesem Fall auf eine Bewertung der Hypothesen hinaus; denn die sich aus ihnen ergebende mathematische Ableitung der Implikation ist zwingend. Bei den Hypothesen ist natürlich ernsthaft zu fragen, ob man die Begriffe "Interesse" und "Kontrolle" mit der angebenen Quantifizierung ihrem Wesen nach erfaßt und ob der unterstellte lineare Zusammenhang zwischen Abhängigkeit auf der einen Seite und Interesse sowie Kontrolle auf der anderen eine haltbare Annahme ist. Hier hätte auch eine experimentelle Überprüfung wenig Aussagekraft (ähnlich wie bei dem in Abschnitt 1.1 genannten Beispiel der Faktorenanalyse). Die Frage der "Robustheit" des Ergebnisses gegenüber Hypothesenänderung bleibt offen.

1.4   Weitere Kriterien für die Bewertung mathematischer Modelle

1.4.1   Einführung

Mathematische Modellierung in Bereichen wie Medizin, Biologie, Verhaltensforschung, kann sich nicht auf einfache Naturgesetze stützen und muß erst einmal nach einer adäquaten mathematischen Beschreibung der Realität suchen. Man geht in der Regel von Hypothesen aus, die mehr oder minder plausibel sind, und nimmt sich dabei physikalische Gesetzmäßigkeiten und Vorgänge zum Vorbild. Als Beispiel möge hier eine Theorie zur Erklärung der Wirkungsweise des menschlichen Gehirns dienen. Dieses wird als ein Netzwerk von Neuronen modelliert, und zwar in völliger Analogie zu der physikalischen Theorie der sog. Spingläser. Auf diese Weise erhält man ein dynamisches Modell für die Informationsverarbeitung des menschlichen Gehirns, welches mit mathematisch formulierten physikalischen Begriffsbildungen operiert. Die Grundhypothese dieses Modells besagt, daß die im Gehirn gespeicherte Information dynamisch verändert wird, allerdings nicht beliebig, sondern in ständiger Nachbarschaft stationärer Zustände . Dabei wird neuaufgenommene Information so abgespeichert, daß sie sich in die Nachbarschaft eines stationären Zustandes begibt, der ihr ähnlich ist. Der Speichervorgang wird auf mannigfache Weise mathematisch beschrieben und die "Konvergenz" neu gespeicherter Information gegen ihr ähnliche Zustände wird mit mathematischen Methoden bewiesen. Die Zufälligkeiten der Speicher- und Gedächtnisvorgänge im Gehirn werden dadurch modelliert, daß man die Informationen durch binäre Zufallsvektoren beschreibt, die identisch verteilt sind.

Obwohl sich inzwischen eine große Zahl von Mathematikern und Physikern mit dieser Gehirntheorie befaßt, liegt eine experimentelle Überprüfung der Hypothesen des Modells noch in weiter Ferne, wenn sie je möglich sein sollte. Dieses liegt nicht zuletzt daran, daß eine interdisziplinäre Zusammenarbeit zwischen Mathematikern und Physikern auf der einen Seite und Biologen und Medizinern auf der anderen kaum stattfindet und die Theorie sich auf diese Weise verselbständigt und in immer realitätsfernere Spezialisierungen einmündet.

Abgesehen von diesem Dilemma erhebt sich aber bei diesem Gehirnmodell grundsätzlich die Frage nach den Grenzen der Mathematik bei der Beschreibung der Realität. Diese Frage kann und soll hier nicht beantwortet werden. Stattdessen soll versucht werden, eine Bewertung mathematischer Modellbildung beispielhaft anhand einiger Kriterien vorzunehmen, die eher den Charakter von Arbeitshypothesen haben:

a) Die Grundannahmen für die Aufstellung eines mathematischen Modells sollten einsichtig und möglichst überprüfbar sein.

b) Die Umsetzung der Problemstellung in die Sprache der Mathematik sollte überzeugend und einsichtig sein.

c) Die mathematische Lösungsmethode sollte sich möglichst eng an die mathematisch formulierte Problemstellung halten und keine Vereinfachungen, Modifikationen oder Mehrdeutigkeiten enthalten, deren Konsequenzen nicht überschaubar sind.

d) Die gewonnenen Ergebnisse sollten eine Darstellung und Interpretation zulassen, die allgemein verständlich und einsichtig ist.

Die letzte Forderung bedeutet nicht, daß ein mit großem mathematischen Aufwand gewonnenes Ergebnis als völlig richtig erkannt wird. Oft sind aber schon Vorhersagen ohne ein mathematisches Modell möglich. Diese sollten entweder bestätigt oder durch das Modell überzeugend widerlegt oder modifiziert werden.

Im folgenden wollen wir diesen Kriterien beispielhaft anhand einiger mathematischer Modelle nachspüren.

1.4.2   Faktorenanalyse

Eine weitverbreitete Methode bei psychologischen, soziologischen und medizinischen Untersuchungen ist die Faktorenanalyse. Bei dieser werden in einer vorgegebenen Gesamtheit von Versuchspersonen gewisse Merkmale (Eigenschaften, Fähigkeiten usw.) gemessen (vgl. [2]). Ist n die Anzahl der Merkmale und N die der Versuchspersonen, so faßt man die gemessenen Werte pro Merkmal zu N-komponentigen Vektoren Z_i ($i = 1, \ldots, n$) zusammen. Man geht davon aus, daß die gemessenen Größen Realisierungen von Zufallsvariablen sind, und normiert diese Zufallsvektoren so, daß die arithmetischen Mittelwerte ihrer Komponenten gleich Null und die empirischen Varianzen gleich Eins sind, und bezeichnet sie dann mit X_i ($i = 1, \ldots, n$).

Die entscheidende Hypothese des Modells der Faktorenanalyse besteht nun darin, daß sich die normierten Merkmalsvektoren X_i linear aus gewissen $m(\leq n)$ Faktoren F_j($j = 1, \ldots, m$) und einem weiteren Faktor U_i, der dem Merkmal X_i eigentümlich ist, linear kombinieren lassen, d.h. man macht den Ansatz

$$X_i = a_{i1} F_1 + \ldots + a_{im} F_m + d_i U_i \ , \quad i = 1, \ldots, n \ .$$

Die ebenfalls als Zufallsvektoren angenommenen Vektoren F_j und U_i werden als unkorreliert und ebenfalls statistisch normiert vorausgesetzt, was sich mit Skalarprodukten wie folgt ausdrückt

$$(F_j, F_k) = \delta_{jk} \ , \quad (F_j, U_i) = 0 \ , \quad (U_i, U_k) = \delta_{ik} \ .$$

Die Aufgabe besteht nun darin, die Koeffizienten a_{ij} und d_i zu bestimmen, was keineswegs auf eindeutige Weise möglich ist und der Willkür der mathematischen Methode überlassen bleibt. Dabei hat sich als Standardmethode die sog. Hauptachsenmethode herausgeschält. Bei dieser geht man davon aus, daß mit den Merkmalsvektoren X_i auch die sog. Korrelationsmatrix $R = ((X_i, X_k))$ gegeben ist. Dadurch ergibt sich die Bedingung

$$A A^T + D = R$$

mit $A = $ Matrix der a_{ik} und $D = $ Diagonalmatrix, gebildet aus den Größen d_i^2. Zur Bestimmung der sog. Kommunalitäten $h_i^2 = 1 - d_i^2$ gibt es Methoden, die hier nicht beschrieben werden sollen. Damit verbleibt die Bestimmung der Matrix A aus der Gleichung

$$A A^T = R^* = R - D \ ,$$

was ebenfalls auf mannigfache Weise möglich ist. Die Hauptachsenmethode besteht nun darin, sämtliche Eigenwerte λ_j der (symmetrischen und positiv semi-definiten) Matrix R^* und dazu ein System von orthogonalen Eigenvektoren y_i zu bestimmen. Faßt man die $\lambda_i \geq 0$ zu einer Diagonalmatrix Λ und die y_i zu einer (orthogonalen) Matrix Y zusammen, so ist $A = Y \Lambda^{\frac{1}{2}}$ eine mögliche Lösung der gestellten Aufgabe.

Die Methodik zur Lösung dieser Aufgabe wird nicht aus einem inhaltlichen Zusammenhang des Modells, sondern mehr oder minder willkürlich aus der Verfügbarkeit mathematischer Verfahren gewonnen. Verschiedene Verfahren führen zu verschiedenen Lösungen mit verschiedenen Interpretationen, d.h. das Kriterium c) ist nicht erfüllt.

Aber auch die inhaltliche Interpretation der Ergebnisse ist problematisch. Oft kennt man die Anzahl der Faktoren nicht und hat von deren Bedeutung nur vage Vorstellungen. Hat man sich für die Hauptachsenmethode entschieden und auch eine Methode zur Bestimmung der Diagonalmatrix D festgelegt, so ist zwar m durch die Anzahl der positiven Eigenwerte der Matrix R^* festgelegt und die Größe des Eigenwertes $\lambda_j = \sum_{i=1}^{n} a_{ij}^2$ ist ein Maß für das Gesamtgewicht des Faktors F_j, aber damit ist nicht klar, wie die Faktoren inhaltlich gemäß ihren Gesamtgewichten anzuordnen sind. Auch hier ist Spielraum für Willkür.

Entscheidend ist aber die Grundannahme des Modells, daß nämlich die Merkmale aus gewissen Faktoren linear kombinierbar sind. Das ist zwar in manchen Fällen plausibel, aber nicht immer einsichtig, so daß das Erfülltsein von Kriterium a) angezweifelt werden kann. Es gibt Versuche, dieses Modell experimentell zu überprüfen in Fällen, bei denen ein linearer Zusammenhang zwischen gemessenen Merkmalen und dafür verantwortlichen Faktoren einsichtig erscheint. So hat man z.B. die Bewertung der Größe von Rechtecken nach dem Augenschein gemessen und dafür in einem Modell der Faktorenanalyse zwei dominierende Faktorn errechnet, die man als Bewertungsfaktoren folgendermaßen interpretiert: Der eine Faktor gibt die Beurteilung der Größe eines Rechtecks nach seinem Flächeninhalt und der andere nach seinem Umfang wieder.

Der Umgang der Anwender mit der Faktorenanalyse ist in vielen Fällen unkritisch und nimmt auf die Willkür dieser Methodik keine Rücksicht. Diese ist dem Anwender größtenteils auch nicht bekannt. Er benutzt ganz einfach ein etabliertes Verfahren wie eine "black box", in die man auf der einen Seite Daten eingibt und auf der anderen Seite Ergebnisse herausholt. Ein transparenter Rückgriff von den Ergebnissen zu den Daten ist dabei unmöglich.

1.4.3 Ein mathematisches Modell der Hämodialyse

Die Aufgabe besteht darin, die zeitliche Entwicklung der Konzentration eines Giftstoffes wie Harnstoff oder Kreatinin im Körper eines nierenkranken Menschen zu berechnen, der regelmäßig an eine künstliche Niere angeschlossen werden muß, um sein Blut zu reinigen (vgl. [4]). Hier orientiert man sich an dem physikalischen Vorgang der Diffusion und betrachtet den menschlichen Körper als ein Zwei-Kammer-System, bestehend aus dem Zellularbereich Z und dem Extrazellularbereich E, die durch die Zellwände getrennt sind. Man geht davon aus, daß das Gift durch diese Zellwände in beiden Richtungen diffundiert. Als mittlere Zelldurchlässigkeit wird eine konstante Größe C_Z (cm^3/min) zugrundegelegt. Auch der Vorgang der Dialyse wird als Diffusion durch die Membran der künstlichen Niere aus dem Extrazellularbereich E heraus modelliert. Wird der Patient innerhalb eines Zeitraumes $[0, T]$ während der Zeit $[0, t_d]$ an die künstliche Niere angeschlossen und der Vorgang T-periodisch wiederholt, so kann man für die Membran-Durchlässigkeit im einfachsten Fall eine T-periodische Funktion der Form

$$C(t) = \begin{cases} C & \text{für} & 0 \leq t < t_d\,, \\ 0 & \text{für} & t_d \leq t < T \end{cases}$$

zugrundelegen, wobei die Größe C [cm^3/ min] auf Grund der technischen Daten der künstlichen Niere als bekannt angenommen werden kann. Für die Größe C_Z liegen in der medizinischen Literatur auch Angaben vor. Auch die Volumina V_Z und V_E [cm^3] sind ungefähr angebbar, wenn das Körpergewicht des Patienten bekannt ist. Der zeitliche Verlauf der Giftstoffkonzentrationen $x_1 = x_1(t)$ bzw. $x_2 = x_2(t)$ [mg/cm^3] im Zellular- bzw. Extrazellularbereich in Zeitschritten $\Delta t > 0$ mit $t_d = k \cdot \Delta t$ und $T = N \cdot \Delta t$ (für gewisse Zahlen $k, N \in I\!N$) kann dann durch das folgende System von Differenzengleichungen beschrieben werden:

$$V_Z(x_1(t + \Delta t) - x_1(t)) = -C_Z(x_1(t) - x_2(t))\,\Delta t + L_1\Delta t\,,$$

$$V_E(x_2(t + \Delta t) - x_2(t)) = C_Z(x_1(t) - x_2(t))\,\Delta t - C(t)\,x_2(t)\,\Delta t + L_2\,\Delta t\,,$$

wobei L_1 bzw. L_2 [mg/ min] einen Mittelwert der Erzeugungsrate des Giftstoffes in Z bzw. E bedeutet, der auch bestimmbar ist.

Dieses System ist auch einem Nicht-Mathematiker einsichtig zu machen, denn es besteht aus zwei einfachen Bilanzgleichungen für die Änderung der Giftstoffkonzentrationen in Z und E beim Übergang von t nach $t + \Delta t$, wobei man allerdings unterstellt, daß die Konzentrationen x_1 und x_2 sich erst zum Zeitpunkt $t + \Delta t$ sprunghaft von $x_i(t)$ nach $x_i(t + \Delta t)$, $i = 1, 2$, verändern. Ist man mit dieser sprunghaften Änderung nicht einverstanden, so muß man den Grenzübergang $\Delta t \to 0$ machen und erhält das Differentialgleichungssystem

$$V_Z\,\dot{x}_1(t) = -C_Z(x_1(t) - x_2(t)) + L_1\,,$$

$$V_E\,\dot{x}_2(t) = C_Z(x_1(t) - x_2(t)) - C(t)\,x_2(t) + L_2\,,$$

welches dann die kontinuierliche Änderung von x_1 und x_2 beschreibt.

Da die Koeffizienten dieses Systems T-periodische (bis auf einen sogar konstante) Funktionen sind, wird man erwarten, daß es auch T-periodische Lösungen besitzt, welche positiv sind und berechnet werden können. Die Existenz eindeutiger positiver Lösungen $x_1 = x_1(t)$ und $x_2 = x_2(t)$ ist in der Tat sichergestellt. Zu ihrer näherungsweisen Berechnung greift man wieder auf das obige System von Differenzengleichungen zurück, was auf eine Diskretisierung nach dem Polygonzugverfahren hinausläuft. Dabei ist einleuchtend, daß die Existenz positiver periodischer Lösungen des Systems der Differenzengleichungen nicht sichergestellt ist, wenn die Zeitschrittweite Δt zu groß gewählt wird. Die eindeutige Existenz solcher Lösungen ist aber sichergestellt, wenn man

$$\Delta t < \min(V_Z/C_Z,\, V_E/(C + C_Z))$$

wählt. Ihre Berechnung bereitet keine großen Schwierigkeiten.

Dieses Modell ist experimentell überprüfbar; denn die Konzentration x_2 in E ist einer Messung zugänglich, wenngleich solche Messungen von Medizinern bisher kaum vorgenommen worden sind.

Überhaupt stellt sich über die oben genannten Kriterien hinaus die Frage nach dem praktischen Nutzen dieses Modells, denn als rein theoretische Beschreibung des Vorgangs der Hämodialyse wird es die Mediziner kaum beeindrucken. Ein praktischer Nutzen liegt darin, daß es a priori gestattet, die Dauer der Dialyse in Abhängigkeit von ihrem Erfolg zu bestimmen. Dazu wird der Erfolg mit Hilfe des sog. Dialysefaktors $D = x_1(t_d)/x_1(0)$ gemessen, der auch empirisch bestimmt werden kann. Bei fester Vorgabe von V_Z, V_E, L_1, L_2 hängt D von t_d and C ab. In Abhängigkeit von diesen Größen kann man dann für $D = D(t_d, C)$ ein Dialysediagramm entwerfen, indem man D für festes C in Abhängigkeit von t_d berechnet. An diesem Diagramm läßt sich nun bei vorgegebener "Clearance" C der künstlichen Niere und erwünschtem Dialyse-Erfolg die erforderliche Dialysedauer t_d ablesen.

1.4.4   Ein Modell der Verstädterung

Es gibt auch mathematische Modelle für Vorgänge in der Realität, die von vornherein nicht den Anspruch erheben, experimentell überprüfbar zu sein, sondern als einfache Denkmodelle konzipiert sind. Die Ergebnisse sind dabei u.U. qualitativ vorhersagbar. Als Beispiel dafür möge ein einfaches Modell der Verstädterung dienen (vgl. [5]). Dabei betrachtet man die Größe P_r der ländlichen bzw. P_u der städtischen Bevölkerung als kontinuierlich mit der Zeit t veränderlich mit konstanter Wachstumsrate r bzw. u (pro Person und Zeiteinheit) und Abwandungsrate a_r bzw. a_u aus dem ländlichen bzw. städtischen Bereich. Die zeitliche Veränderung der beiden Bevölkerungen wird dann beschrieben durch das folgende System von Differentialgleichungen

$$\dot{P}_r(t) = (r - a_r)\, P_r(t) + a_u\, P_u(t)\,, \qquad \dot{P}_u(t) = a_r\, P_r(t) + (u - a_u)\, P_u(t)\,,$$

welches man auf analoge Weise deuten kann, wie das System zur Beschreibung des Vorganges der Hämodialyse. Anhand dieses Systems möchte man nun die Bevölkerungsentwicklung vorhersagen. Ohne eine genauere mathematische Analyse dieses Systems ist das schwerlich möglich. Den durch das System ausgedrückten Mechanismus kann auch ein Nichtmathematiker verstehen, aber die daraus zu ziehenden Schlußfolgerungen sind ohne einen formalen Kalkül kaum zu erreichen. Dieser ersetzt einen mühsamen Denkprozeß, durch den man im Prinzip auch zum Ziel kommen könnte. Es empfiehlt sich, anstelle der beiden Größen $P_r(t)$ und $P_u(t)$ ihren Quotienten $S(t) = P_u(t)/P_r(t)$ zu betrachten. Dieser stellt sich dann als eine Lösung der folgenden Riccati-Differentialgleichung heraus:

$$\dot{S}(t) = a_r + [u - a_r - (r - a_r)]\, S(t) - a_u\, S(t)^2\,.$$

Mit Hilfe der Methode der Trennung der Veränderlichen ist eine explizite Lösung dieser Gleichung möglich. Wählt man als Anfangsbedingung $S(0) = 0$ (d.h. zur Zeit Null gebe es nur eine Landbevölkerung), so ergibt sich als eindeutige Lösung

$$S(t) = \frac{S_A\, S_B[1 - \exp\{a_u(S_A - S_B)t\}]}{S_B - S_A\, \exp\{a_u(S_A - S_B)t\}}\,.$$

Dabei sind S_A und S_B die (reellen) Nullstellen des Polynoms $a_u\,\lambda^2 - [u - a_r - (r - a_r)]\,\lambda - a_r$. Die Formel für $S(t)$ beschreibt S-förmiges Wachstum und zeigt insbesondere, daß der Quotient von städtischer und ländlicher Bevölkerung mit wachsender Zeit sich einem endlichen

Grenzwert nähert, was man an dem Differentialgleichungssystem für P_r und P_u nicht ohne Weiteres ablesen kann. Die Kriterien b), c) und d) kann man bei diesem Modell als erfüllt ansehen. Sein Aussagewert steht und fällt aber mit seinen einfachen Grundannahmen. Sicher ist es unrealistisch, die Wachstums- und Abwanderungsraten als konstant anzunehmen. Es gibt eine Variante dieses Modells, bei der man die Abwanderungsraten als zeitabhängig annimmt, und zwar in der folgenden Form:

$$a_r(t) = i + j\ \frac{P_u(t)}{P_r(t) + P_u(t)}\ , \quad a_u(t) = k + l\ \frac{P_r(t)}{P_r(t) + P_u(t)}\ ,$$

wodurch ausgedrückt werden soll, daß für jeweils einen Teil der beiden Bevölkerungen der relative Anteil der anderen Bevölkerung an der Gesamtbevölkerung eine Anziehungskraft ausübt. Über den Realitätsgehalt dieser Annahme kann man streiten. Mathematisch führt sie aber überraschenderweise für den Quotienten $S(t) = P_u(t)/P_r(t)$ wieder zu einer Riccati-Gleichung, und zwar von der Form

$$\dot{S}(t) = i + [(u - l - k) - (r - j - i)]\, S(t) - kS(t)^2\ .$$

Die explizite Lösung dieser Gleichung mit $S(0) = 0$ führt wieder auf ein S-förmiges Wachstum von $S(t)$.

Abschließend sei noch bemerkt, daß man das Modell mit konstanten Abwanderungsraten auch dazu benutzen kann, den zeitlichen Verlauf des Geschlechter-Quotienten einer Bevölkerung zu bestimmen.

Literaturverzeichnis

[1] W. Engelmann: Game Theoretical Models for Disarmament. Dissertation Darmstadt 1992, Verlag Shaker.

[2] K.J. Holzinger and H.H. Harman: Factor Analysis. The University Press, Chicago - Illinois 1941.

[3] A.M. Jaglom und J.M. Jaglom: Wahrscheinlichkeit und Information. Verlag Harri Deutsch: Thun und Frankfurt a.M. 1984, 4. Aufl..

[4] D. Klingelhöfer, G.F. Koch und W. Krabs: Mathematische Behandlung eines Modells der Haemodialyse. Math. Meth. Appl. Sci. <u>3</u> (1981), 393-404.

[5] A. Rapoport: Allgemeine Systemtheorie. Verlag Darmstädter Blätter: Darmstadt 1988.

2 Ein mathematisches Modell des Informationsbegriffes

2.1 Einführung

Um den Informationsbegriff in seiner Vielschichtigkeit in einem mathematischen Modell zu erfassen, ist es notwendig, ihn auf einige Merkmale zu reduzieren, was darauf hinausläuft, Information in einem begrenzten Kontext zu untersuchen. So geht der amerikanische Mathematiker und Ingenieur Claude Shannon in der von ihm in den Jahren 1947 – 1949 entwickelten mathematischen Informationstheorie (vgl. [2]) von dem Kontext der Nachrichtenübertragung aus. Ein wesentliches Merkmal ist dabei die Zufälligkeit der zu übertragenden Nachricht. In dieser steckt sozusagen ihre Information , von deren inhaltlicher Bedeutung völlig abgesehen wird. Eine Nachricht ist nichts weiter als eine Zeichenfolge, die aus einem geeigneten Alphabet, bestehend aus endlich vielen Zeichen, gebildet wird. Die Information, die in einer Zeichenfolge enthalten ist, steckt nur in der Zufälligkeit des Auftretens der einzelnen Zeichen. Diese wiederum wird mathematisch beschrieben durch die Wahrscheinlichkeit für das Auftreten eines Zeichens. Bei der praktischen Umsetzung dieses Begriffes ersetzt man den abstrakten Begriff der mathematischen Wahrscheinlichkeit durch den der relativen Häufigkeit. Kommt z.B. ein Buchstabe eines Alphabets innerhalb eines Textes, der aus N Buchstaben zusammengesetzt ist, n-mal vor, so wird die relative Häufigkeit des Buchstabens gleich dem Quotienten n/N gesetzt und praktisch als Wahrscheinlichkeit für sein Auftreten angesehen. Die eigentlich mathematische Modellbildung besteht nun darin, auf der Basis der Wahrscheinlichkeiten für das Auftreten der Zeichen eines Alphabets in einer Zeichenfolge ein Maß für deren Informationsgehalt zu definieren. Dieses Maß stellt den mittleren Informationsgehalt eines Zeichens dar und ist durch die Wahrscheinlichkeiten des Auftretens aller Zeichen als ein geeigneter Mittelwert eindeutig festgelegt. Diese Art der Definition eines Informationsgehaltes ist für nachrichtentechnische Zwecke ausreichend; denn bei der Nachrichtenübertragung geht es im technischen Bereich nicht um den Inhalt der Nachricht, sondern um ihre möglichst effiziente Weiterleitung. Dazu sucht man nach einem Übertragungscode, dessen Alphabet aus leicht übertragbaren Symbolen besteht, von denen geeignete Kombinationen den Buchstaben des Alphabets, aus welchen die Nachricht gebildet wurde, umkehrbar eindeutig zugeordnet werden können derart, daß man dabei mit möglichst wenig Symbolen auskommt und den mittleren Informationsgehalt eines Buchstabens des Ausgangsalphabets möglichst ausschöpft. Die umkehrbare Eindeutigkeit der Zuordnung soll dabei gewährleisten, daß eine eindeutige Rückübersetzung der übertragenen Nachricht in das Ausgangsalphabet möglich ist.

Der mathematische Begriff der Information , welcher auf dem Begriff der Wahrscheinlichkeit beruht, läßt sich noch etwas allgemeiner fassen als in der Nachrichtentechnik und bietet, wie wir sehen werden, damit die Möglichkeit einer inhaltlichen Ausgestaltung. Der Darstellung von Jaglom/Jaglom [1] folgend, wollen wir den Informationsgebriff im Zusammenhang mit dem Begriff eines Versuches ganz allgemeiner Natur herleiten, durch den wir Information gewinnen wollen und von dem wir nur wissen, daß er n Ausgänge $A_1, \ldots, A_n$ besitzt, die mit gewissen Wahrscheinlichkeiten $p_1, \ldots, p_n$ ($0 \leq p_i \leq 1$ für $i = 1, \ldots, n$ und $\sum_{i=1}^{n} p_i = 1$) auftreten. Diese kann man sich unter Umständen im Sinne der Laplaceschen Definition vorstellen als Quotienten aus der Anzahl der für den Ausgang eines Versuches günstigsten Fälle und der Anzahl der für den Ausgang überhaupt möglichen Fälle.

Besteht nun der Versuch z.B. in der zufälligen Auswahl einer Kugel aus eine Urne mit 3 weißen, 2 roten und 5 schwarzen Kugeln, so hat er drei Ausgänge, nämlich das Ziehen einer weißen, einer roten und einer schwarzen Kugel. Für jeden Ausgang sind zehn Fälle möglich; denn die Urne enthält insgesamt 10 Kugeln. Für den ersten Ausgang sind jedoch nur drei Fälle günstig, für den zweiten zwei und den dritten fünf. Die Wahrscheinlichkeiten für die drei Ausgänge sind demzufolge nach Laplace gleich $\frac{3}{10}$, $\frac{2}{10}$ und $\frac{5}{10}$.

Auch das nachrichtentechnische Modell der zufälligen Zeichenfolge, zusammengesetzt aus n Zeichen $z_1, \ldots, z_n$, die mit den Wahrscheinlichkeiten $p_1, \ldots, p_n$ auftreten, läßt sich als Versuch deuten, der darin besteht, aus der Folge ein Zeichen zufällig auszuwählen. Dieser Versuch hat n Ausgänge, nämlich die n Zeichen, und der i-te Ausgang hat die Wahrscheinlichkeit p_i für $i = 1, \ldots, n$.

Der zentrale Begriff in diesem Modell ist der *Grad der Unbestimmtheit* des Ausganges eines Versuches, den wir *Entropie* nennen werden, da er dem Begriff der Entropie in der Thermodynamik formal und inhaltlich analog ist. Im Spezialfall der zufälligen Zeichenfolge stimmt er mit dem mittleren Informationsgehalt eines Zeichens überein.

2.2 Der Begriff der Entropie als Maß für Unbestimmtheit

Für eine Zeichenfolge, gebildet aus k gleichwahrscheinlichen Zeichen, deren gemeinsame Wahrscheinlichkeit dann notwendig gleich $p = \frac{1}{k}$ ist, wurde schon vor der grundlegenden Untersuchung von C. Shannon über "Mathematische Grundlagen der Informationstheorie" von Hartley der Vorschlag gemacht, den mittleren Informationsgehalt eines Zeichens (der für alle Zeichen auf Grund ihrer Gleichverteilung der gleiche sein sollte) mit Hilfe des Logarithmus $^a log\, k$ bezüglich einer beliebigen Basis $a > 1$ auszudrücken. Durch die Wahl der Basis a wird dabei nur die Maßeinheit für den mittleren Informationsgehalt festgelegt. Gewöhnlich wählt man $a = 2$ und schreibt $ld\, k$ anstelle von $^2 log\, k$. Die Wahl von $a = 2$ bedeutet inhaltlich, daß man den Informationsgehalt mit Hilfe von Ja-Nein-Entscheidungen ausdrückt, die mit Hilfe der Binärziffern 0 und 1 dargestellt werden können. Die Maßeinheit bezeichnet man daher auch mit "bit" (binary digit = Binärziffer).

Die Verallgemeinerung einer Zeichenfolge mit k gleichwahrscheinlichen Zeichen ist ein Versuch, mit k gleichwahrscheinlichen Ausgängen $A_1, \ldots, A_k$, deren gemeinsame Wahrscheinlichkeit wiederum gleich $p = \frac{1}{k}$ ist. Sucht man nun ein Maß für die Unbestimmtheit eines solchen Versuches, welches nur von den Wahrscheinlichkeiten seiner Ausgänge abhängt, so ist dieses eindeutig durch die Zahl k festgelegt, mathematisch gesprochen also eine Funktion $f = f(k)$. Dem Hartleyschen Vorschlag folgend, könnte man diese gleich

$$f(k) = \ell d\, k \quad \text{für} \quad k = 1, 2, \ldots \tag{2.1}$$

wählen.

Die Frage ist allerdings, wie willkürlich diese Wahl ist. Dazu bemerken wir zunächst, daß die durch (2.1) definierte Funktion f die folgenden drei Eigenschaften hat

$$f(1) = 0 , \tag{2.2}$$

$$f(k_1) < f(k_2) , \text{ falls } k_1 < k_2 \text{ ist}, \tag{2.3}$$

und

$$f(k \cdot \ell) = f(k) + f(\ell) . \tag{2.4}$$

Die Eigenschaft (2.2) besagt, daß ein Versuch mit nur einem Ausgang den Unbestimmtheitsgrad Null hat, was jedem einleuchtet. Die Eigenschaft (2.3) besagt, daß der Unbestimmtheitsgrad eines Versuches mit gleichwahrscheinlichen Ausgängen mit deren Anzahl monoton wächst, was ebenfalls einleuchtet. Eigenschaft (2.4) besagt, daß, wenn man einen Versuch A mit k gleichwahrscheinlichen Ausgängen mit einem Versuch B mit ℓ gleichwahrscheinlichen Ausgängen, die von den Ausgängen von A unabhängig sind, zu einem Versuch AB mit $k \cdot \ell$ gleichwahrscheinlichen Ausgängen zusammenfaßt (welche alle Paare von Ausgängen von A und B sind), dann ist die Unbestimmtheit des Versuches AB gerade gleich der Summe der Unbestimmtheiten von A und B. Diese Eigenschaft ist zwar nicht so unmittelbar einleuchtend wie die ersten beiden, kann aber als plausible Eigenschaft des Unbestimmtheitsgrades akzeptiert werden.

Ist man bereit, die Eigenschaften (2.2), (2.3) und (2.4) als Grundeigenschaften des Unbestimmtheitsgrades von Versuchen mit gleichwahrscheinlichen Ausgängen zu akzeptieren, so läßt sich umgekehrt beweisen, daß dieser bis auf einen positiven Faktor notwendig durch (2.1) definiert werden muß. Also ist der Unbestimmtheitsgrad von Versuchen mit gleichwahrscheinlichen Ausgängen durch die Eigenschaften (2.2), (2.3) und (2.4) bis auf die Maßeinheit quantitativ eindeutig festgelegt.

Die Shannon'sche Idee bestand nun darin, die Formel (2.1) so zu verallgemeinern, daß sie auch für Zeichenserien mit nicht notwendig gleichwahrscheinlichen Zeichen gültig ist. Eine derartige Verallgemeinerung läßt sich durch einen Analogieschluß gewinnen. Dazu bemerken wir zunächst, daß der Unbestimmtheitsgrad im Falle gleichwahrscheinlicher Ausgänge auch darstellbar ist in der Form

$$f(k) = \underbrace{- \frac{1}{k} \ell d\, \frac{1}{k} - \ldots - \frac{1}{k} \ell d\, \frac{1}{k}}_{k \text{ Terme}} (= \ell d\, k) . \tag{2.5}$$

Diese Formel gibt Anlaß, den Unbestimmtheitsgrad $H(p_1, \ldots, p_k)$ eines Versuches A mit Ausgängen $A_1, \ldots, A_k$ mit Wahrscheinlichkeiten $p_1, \ldots, p_k$ auszudrücken in der Form

$$H(p_1, \ldots, p_k) = -p_1 \, \ell d \, p_1 - p_2 \, \ell d \, p_2 - \ldots - p_k \, \ell d \, p_k \ . \tag{2.6}$$

Wir nennen $H(p_1, \ldots, p_k)$ auch die *Entropie* von A. Im Falle $p_i = \frac{1}{k}$ für $i = 1, \ldots, k$ geht (2.6) in (2.5) über, und im Falle des obigen Urnenbeispiels erhält man z.B. (für $p_1 = \frac{3}{10}$, $p_2 = \frac{2}{10}$, $p_3 = \frac{5}{10}$)

$$H(p_1, p_2, p_3) = -\frac{3}{10} \, \ell d \, \frac{3}{10} - \frac{2}{10} \, \ell d \, \frac{2}{10} - \frac{5}{10} \, \ell d \, \frac{5}{10} = 0.521 + 0.454 + 0.5 = 1.475 \ .$$

Die durch (2.6) definierte Entropie hat die folgenden Eigenschaften:

1)

$$H(p_1, \ldots, p_k) \geq 0 \quad \text{für alle} \quad p_i \in [0, 1] \ ,$$

$$i = 1, \ldots, k \text{ mit } \sum_{i=1}^{k} p_i = 1 \ . \tag{2.7}$$

2) Die Funktion $H(p_1, \ldots, p_k)$ nimmt ihren größten Wert an für $p_1 = \ldots = p_k = \frac{1}{k}$ (und dieser ist gleich $\ell d \, k$).

3) $H(p_1, \ldots, p_k)$ ist genau dann gleich Null, wenn für jedes $i = 1, \ldots, k$ entweder $p_i = 1$ oder $p_i = 0$ ist.

Die Eigenschaft 1) besagt einfach, daß für den Grad der Unbestimmtheit eines Versuches keine negativen Werte zugelassen sind.

Die Eigenschaft 2) besagt, daß der Unbestimmtheitsgrad eines Versuches am größten ist, wenn alle seine Ausgänge gleichwahrscheinlich sind, was auch einleuchtet.

Die Eigenschaft 3) ist äquivalent zu der Aussage, daß der Unbestimmtheitsgrad eines Versuches genau dann gleich Null ist, wenn die Wahrscheinlichkeit für genau einen Ausgang gleich 1 (und damit für die anderen Ausgänge gleich 0) ist.

Diese drei Eigenschaften lassen sich noch durch eine vierte ergänzen, welche die Sinnfälligkeit des Entropiebegriffes in mathematische Hinsicht unterstreicht.

4) Seien A und B zwei Versuche mit voneinander unabhängigen Ausgängen $A_1, \ldots, A_k$ und $B_1, \ldots, B_\ell$ und zugehörigen Wahrscheinlichkeiten $p_1, \ldots, p_k$ und $q_1, \ldots, q_\ell$. Bildet man den zusammengesetzten Versuch AB aus A und B, welcher die Ausgänge (A_i, B_j) hat für $i = 1, \ldots, k$ und $j = 1, \ldots, \ell$, so sind deren Wahrscheinlichkeiten $p(A_i, B_j) = p_i \, q_j$, und die Entropie von AB ist gegeben durch

$$\begin{aligned} H(p(A_i, B_j) , \quad i &= 1, \ldots, k \quad j = 1, \ldots, \ell) = H(p_1, \ldots, p_k) \\ &+ H(q_1, \ldots, q_\ell) \ . \end{aligned} \tag{2.8}$$

Diese Eigenschaft ist die genaue Verallgemeinerung der Eigenschaft (2.4) der Entropiefunktion $f = f(k)$ im Falle gleichwahrscheinlicher Ausgänge.

Wie in diesem Falle läßt sich auch allgemein die Entropie bei Versuchen mit nicht notwendig gleichwahrscheinlichen Ausgängen durch charakteristische Eigenschaften bis auf einen positiven Maßstabsfaktor eindeutig festlegen.

Insgesamt liegt hier also ein mathematischer Begriff vor, welcher in einem begrenzten Kontext eine starke Konsistenz mit inhaltlichen Deutungen aufweist.

So erfreulich die mathematische Konsistenz des Entropiebegriffes auch ist, so wird diese doch erkauft durch die starke Vereinfachung des Modells für einen Versuch, indem man dessen Unbestimmtheit einzig von den Wahrscheinlichkeiten der Versuchsausgänge abhängig macht und die Ausgänge selber dabei unberücksichtigt läßt. Das kann unter Umständen zu zweifelhaften Interpretationen führen, was wir am Beispiel einer Wettervorhersage demonstrieren wollen. Aus langjährigen Wetterbeobachtungen sei an einem Ort bekannt, daß die Wahrscheinlichkeit für Regen am 15. Juni gleich 0.4 ist. Zugleich sei bekannt, daß an diesem Ort am 15. November die Wahrscheinlichkeit für Regen gleich 0.65, für Schnee gleich 0.15 und für keinen Niederschlag gleich 0.2 ist. Die Frage ist nun, an welchem der beiden Tage das Wetter an diesem Ort als unbestimmter anzusehen ist.

Betrachtet man das Wetter als den in Frage stehenden Versuch, so hat dieser am 15. Juni die beiden Ausgänge A_1 = Regen und A_2 = Nicht-Regen mit den Wahrscheinlichkeiten $p(A_1) = 0.4$ und $p(A_2) = 0.6$. Wir bezeichnen ihn mit A und erhalten für seine Entropie

$$H(A) = -\,0.4\ \ell d\ 0.4 - 0.6\ \ell d\ 0.6 \approx 0.97\ .$$

Bei dem Versuch "Wetter am 15. November", den wir mit B bezeichnen, gibt es die Ausgänge B_1 = Regen, B_2 = Schnee und B_3 = kein Niederschlag mit den Wahrscheinlichkeiten $p(B_1) = 0.65$, $p(B_2) = 0.15$ und $p(B_3) = 0.2$, so daß sich als Entropie

$$H(B) = -\,0.65\ \ell d\ 0.65 - 0.15\ \ell d\ 0.15 - 0.2\ \ell d\ 0.2 \approx 1.28$$

ergibt. Hiernach scheint das Wetter am 15. November unbestimmter zu sein als am 15. Juni. Faßt man jedoch am 15. November Regen und Schnee zum Begriff Niederschlag zusammen und geht davon aus, daß Schnee als Niederschlag am 15. Juni die Wahrscheinlichkeit Null hat, so ergibt sich als Entropie des Versuches B der Wert

$$H(B) = -\,0.8\ \ell d\ 0.8 - 0.2\ \ell d\ 0.2 \approx 0.72\ ,$$

und bei dieser Wetterinterpretation erscheint jetzt das Wetter am 15. Juni unbestimmter als am 15. November.

Dieses Beispiel zeigt deutlich, daß eine eindeutige Bewertung von Wetterbeobachtungen mit Hilfe des Entropiebegriffes allein nicht möglich ist.

2.3 Information als ins Positive gewendete Unbestimmtheit

Im Rahmen der Shannonschen Theorie versteht man unter Information den ins Positive gewendeten Begriff der Unbestimmtheit. Dieser Vorgang wird erfaßt mit dem Begriff der *bedingten Entropie* . Dazu denken wir uns zwei Versuche A und B mit Ausgängen $A_1, \ldots, A_k$ und $B_1, \ldots, B_\ell$ und stellen uns vor, daß wir den Versuch A dazu benutzen wollen, die Unbestimmtheit über den Ausgang des Versuches B zu vermindern oder gar aufzuheben. Das mathematische Hilfsmittel dafür ist der Begriff der *bedingten Wahrscheinlichkeit* , mit deren Hilfe wir die Ausgänge von A und B miteinander verknüpfen. Wir denken uns wieder A und B zu einem Versuch AB zusammengefaßt, dessen Ausgänge alle Paare $A_i B_j$ von Ausgängen von A und B sind. Wären die Ausgänge von A und B voneinander unabhängig, so wären die Wahrscheinlichkeiten der Ausgänge von AB gegeben durch

$$p(A_i B_j) = p(A_i) \cdot p(B_j) \quad \text{für} \quad i = 1, \ldots, k \quad \text{und} \quad j = 1, \ldots, \ell \, , \tag{2.9}$$

und die Entropie von AB wäre gegeben durch

$$H(AB) = H(A) + H(B) \, , \tag{2.10}$$

wobei $H(A)$ bzw. $H(B)$ die Entropie von A bzw. B bezeichnet. Es ist klar, daß in dieser Situation der Versuch A ungeeignet ist, die Unbestimmtheit über den Ausgang von B zu verringern. Anders ist es, wenn die Ausgänge von A und B nicht unabhängig voneinander sind. An die Stelle der oben angegebenen Beziehung (2.9) für die Wahrscheinlichkeiten der Ausgänge von AB tritt dann die Beziehung

$$p(A_i B_j) = p(A_i) \cdot p_{A_i}(B_j) \quad \text{für} \quad i = 1, \ldots, k \quad \text{und} \quad j = 1, \ldots, \ell \, , \tag{2.11}$$

wobei $p_{A_i}(B_j)$ die Wahrscheinlichkeit für das Eintreten von B_j ist unter der Bedingung, daß A_i eingetreten ist. Mit diesen bedingten Wahrscheinlichkeiten ist es dann sinnvoll, *die Entropie von B unter der Bedingung, daß A_i eingetreten ist,* zu definieren durch

$$H_{A_i}(B) = \sum_{j=1}^{\ell} - p_{A_i}(B_j) \, \ell d \, p_{A_i}(B_j) \tag{2.12}$$

für $i = 1, \ldots, k$.

Ist ein Ausgang A_i von A von allen Ausgängen B_j von B unabhängig, so gilt $p_{A_i}(B_j) = p(B_j)$ für $j = 1, \ldots, \ell$ und wir erhalten erwartungsgemäß

$$H_{A_i}(B) = H(B) = \sum_{j=1}^{\ell} - p(B_j) \, \ell d \, p(B_j) \, .$$

Die *bedingte Entropie des Versuches B unter der Bedingung der Realisierung von A* wird nun konsequenterweise definiert durch

$$H_A(B) = \sum_{i=1}^{k} p(A_i) \, H_{A_i}(B) \, . \tag{2.13}$$

Mit dieser Definition ergibt sich die Formel

$$H(AB) = H(A) + H_A(B) \,, \tag{2.14}$$

die in die Formel (2.10) übergeht, wenn die Ausgänge von A von denen von B unabhängig sind.

Aus der Definition (2.13) ergibt sich auch

$$H_A(B) \geq 0 \,.$$

Nehmen wir an, daß alle Ausgänge A_i von A eintreten, d.h. daß gilt

$$p(A_i) > 0 \ \text{ für alle } \ i = 1, \ldots, k \,,$$

so gilt

$$H_A(B) = 0 \ \text{ genau dann, wenn } H_{A_i}(B) = 0$$

ist für alle $i = 1, \ldots, k$. Das bedeutet, daß die bedingte Entropie von B unter der Bedingung der Realisierung von A genau dann gleich Null ist, wenn alle Ausgänge von B durch alle Ausgänge von A vollkommen bestimmt sind. In diesem Fall gilt auf Grund von (2.14)

$$H(AB) = H(A) \,.$$

Sind alle Ausgänge von A von denen von B unabhängig, so folgt aus (2.10) und (2.14)

$$H_A(B) = H(B) \,,$$

was wiederum mit der Vorstellung übereinstimmt, daß mit Hilfe von A die Unbestimmtheit von B nicht verringert werden kann. Im allgemeinen läßt sich zeigen, daß gilt

$$0 \leq H_A(B) \leq H(B) \,, \tag{2.15}$$

wobei die linke Ungleichung bereits oben angegeben wurde.

Die oben diskutierten Grenzfälle $H_A(B) = 0$ und $H_A(B) = H(B)$ fügen sich organisch in die Ungleichungen (2.15) ein und geben zusammen mit (2.15) die erwartungsgemäße Vorstellung wieder, daß die Unbestimmtheit über den Ausgang von B durch die Durchführung des Versuches A höchstens verringert werden kann.

Entscheidend ist nun, daß uns die Ungleichung (2.15) in die Lage versetzt, die *Information*, die über den Ausgang des Versuches B vermöge einer Durchführung des Versuches A gewonnen werden kann, sinnvoll zu definieren als

$$I(A, B) = H(B) - H_A(B) \,. \tag{2.16}$$

Aus (2.15) erhalten wir

$$0 \leq I(A, B) \leq H(B) \,, \tag{2.17}$$

wobei

$$I(A, B) = 0 \iff H_A(B) = H(B) \tag{2.18}$$

und

$$I(A, B) = H(B) \iff H_A(B) = 0 \ . \tag{2.19}$$

Der Fall (2.19) liegt speziell dann vor, wenn $A = B$ ist, in welchem Fall $I(B, B) = H(B)$ gerade die Information ist, die man über den Ausgang des Versuches B erhält, wenn man diesen selbst durchführt. Dadurch wird die Unbestimmtheit in Information übergeführt und ins Positive gewendet. Überdies gilt

$$I(A, B) \leq I(B, B) \ , \tag{2.20}$$

was besagt, daß man durch Durchführung eines beliebigen Versuches A über einen Versuch B nicht mehr Informationen gewinnen kann, als wenn man den Versuch B selber durchführt. Über den Informationsbegriff lassen sich noch weitere allgemeine Aussagen machen. Sind A und B zwei Versuche, so ergibt sich für die zusammengesetzten Versuche AB bzw. BA mit den Ausgängen $A_i B_j$ bzw. $B_j A_i$ erwartungsgemäß

$$H(AB) = H(BA) \ ,$$

so daß aus den Gleichungen

$$H(AB) = H(A) + H_A(B) \quad \text{und} \quad H(BA) = H(B) + H_B(A)$$

folgt, daß

$$I(A, B) = H(B) - H_A(B) = H(A) - H_B(A) = I(B, A) \tag{2.21}$$

gilt, was besagt, daß die Information, die man vermöge A über B gewinnen kann, dieselbe ist wie die Information, die man vermöge B über A gewinnen kann. Das ist einleuchtend wie die folgende (nicht so leicht zu beweisende) Aussage: Für je drei Versuche A, B, C gilt

$$I(A, B) \leq I(AC, B) \ , \tag{2.22}$$

was besagt, daß man durch den zusammengesetzten Versuch AC höchstens mehr Information über B gewinnen kann als über A allein.

Durch Vertauschung von A und C erhält man mit $AC = CA$ die Aussage

$$I(C, B) \leq I(AC, B)$$

und damit die Implikation

$$I(A, B) = I(AC, B) \implies I(C, B) \leq I(A, B) \ , \tag{2.23}$$

d.h.: Wenn der zusammengesetzte Versuch AC über B die gleiche Information liefert wie A allein, so kann die in C über B enthaltene Information nur höchstens so groß sein wie die in A enthaltene. Aus den bisherigen Betrachtungen erhält man für je drei Versuche A, B und C die Ungleichungskette

$$0 \le I(A, B) \le I(AC, B) \le I(B, B) = H(B) \ . \tag{2.24}$$

Aus dieser leitet man durch vollständige Induktion für $n + 1$ Versuche $A^1, \ldots, A^n$, B die Ungleichungskette

$$0 \le I(A^1, B) \le I(A^1 A^2, B) \le \ldots \le I(A^1 \ldots A^n, B) \le I(B, B)$$

ab. Danach könnte man auf die Idee kommen, durch fortlaufende Zusammensetzung von Versuchen $A^1, A^2, \ldots$ die Information von B über sich auszuschöpfen.

Nimmt man an, diese Ausschöpfung sei möglich, d.h. es sei

$$I(A^1 A^2, \ldots, A^n, B) = I(B, B) = H(B) \tag{2.25}$$

für eine passende Zahl $n \in I\!N$, dann folgt aus

$$I(A^1 A^2 \ldots A^n, B) = I(B, A^1 A^2 \ldots A^n)$$
$$= H(A^1 \ldots A^n) - H_B(A^1 \ldots A^n) \le H(A^1 \ldots A^n)$$

notwendig

$$H(B) \le H(A^1 \ldots A^n) \ , \tag{2.26}$$

d.h.: Die Unbestimmtheit des zusammengesetzten Versuches $A^1 \ldots A^n$ muß mindestens so groß sein wie die von B, wenn es möglich sein soll, mit Hilfe von $A^1 A^2 \ldots A^n$ die Information von B über sich auszuschöpfen.

Auf Grund der Ungleichung

$$H(A^1 A^2 \ldots A^n) \le H(A^1) + H(A^2) + \ldots + H(A^n)$$

(die durch vollständige Induktion aus $H(AB) = H(A) + H_A(B) \le H(A) + H(B)$ abgeleitet werden kann) ergibt sich aus (2.26) die Ungleichung

$$H(B) \le H(A^1) + H(A^2) + \ldots + H(A^n) \tag{2.27}$$

als notwendige Bedingung für (2.25).

Diese Ungleichung spielt eine fundamentale Rolle bei der Anwendung der bisher entwickelten mathematischen Informationstheorie auf die Nachrichtenbertragung . Sie bietet zugleich auch die Möglichkeit, sich bei der Definition der Information vom Begriff der Zufälligkeit ein wenig zu lösen. Dazu betrachten wir nur solche Versuche B, für die (2.25) möglich ist mit lauter Versuchen $A^1, \ldots, A^n$ mit nur zwei Ausgängen, die wir *Elementarversuche* nennen wollen und die wir *Alternativfragen* gleichsetzen, die man nur mit ja oder nein beantworten kann. Die Entropie von einem solchen Elementarversuch oder einer solchen Alternativfrage A ist dann gegeben durch

$$H(A) = -p \, \ell d \, p - (1 - p) \, \ell d(1 - p) \,,$$

wobei p die Wahrscheinlichkeit dafür ist, daß A mit ja, und $1 - p$ die Wahrscheinlichkeit dafür, daß A mit nein beantwortet ist. Der Maximalwert von $H(A)$ ist gleich 1 und wird für $p = 1 - p = \frac{1}{2}$ angenommen. Aus den notwendigen Bedingungen (2.27) für (2.25) ergibt sich daher die Ungleichung

$$H(B) \leq n \,, \tag{2.28}$$

welche besagt, daß die in B steckende Information $I(B, B) = H(B)$ höchstens gleich n sein darf, wenn sie durch n Alternativfragen ermittelt werden kann. Hat B etwa k Ausgänge, so ist $H(B) \leq \ell d \, k$, und (2.28) ist erfüllt, wenn

$$\ell d \, k \leq n \Longleftrightarrow k \leq 2^n \tag{2.29}$$

ist. Ignoriert man die unterschiedlichen Wahrscheinlichkeiten der k Ausgänge von B und berücksichtigt nur deren Anzahl k, so ist die kleinste Zahl $n \in I\!N$, für die (2.29) erfüllt ist, eine obere Schranke für die in B steckende Information, vorausgesetzt allerdings, daß $H(B)$ mit n Alternativfragen ermittelt werden kann.

2.4 Versuch einer axiomatischen Informationstheorie

Die Axiomatisierung ist eine typisch mathematische Methode, die von David Hilbert mit großem Erfolg zunächst in der Geometrie eingeführt wurde. Später hat er dann versucht, sie auf die ganze Mathematik auszudehnen. Ihr Wesen besteht darin, mathematische Gegenstände nicht zu definieren, wie es z.B. Euklid noch in der Geometrie mit Begriffen wie "Punkt" oder "gerade Linie" getan hat. Begriffe werden bei der axiomatischen Methode nur benannt und in ihren wechselseitigen Beziehungen durch Axiome festgelegt. Eine Sinngebung findet dabei nicht statt. Was zählt, sind die logischen Schlußfolgerungen, die aus den Axiomen abgeleitet werden können. Diese machen dann die mathematische Theorie aus.

Wir wollen hier etwas ähnliches mit dem Begrif Information versuchen. Dieser soll also nicht inhaltlich definiert, sondern durch Eigenschaften axiomatisch festgelegt werden. Dabei orientieren wir uns natürlich an der im vorigen Abschnitt skizzierten Informationstheorie, die als Modell in unserem Entwurf enthalten sein soll. Dort war der Begriff der Information mit dem Begriff des Versuches verknüpft. Versuche sind so etwas wie Träger von Informationen.

Wir führen daher im Folgenden allgemein den Begriff des *Informationsträgers* ein und bezeichnen die einzelnen solchen Träger mit großen lateinischen Buchstaben A, B, C usw.. Solche Träger können z.B. Nachrichten, Ereignisse oder auch Gegenstände sein. Die Information, die in ihnen steckt, bezeichnen wir mit $H(A)$, $H(B)$, $H(C)$ usw. und stellen uns diese als nicht-negative Zahlengrößen vor, die uns die Möglichkeit geben, Informationen miteinander zu vergleichen. Entscheidend ist nun, daß es möglich sein soll, mit

Hilfe der Information, die in einem beliebigen Träger A steckt, einen Teil der Information zu gewinnen, die in einem beliebigen Träger B steckt. Wir bezeichnen diese Information mit $I(A, B)$ und nennen sie kurz "Information in A über B". Sie wird wieder durch eine nicht-negative Zahl ausgedrückt. Dabei ist $I(A, B) = 0$, wenn in A keine Information über B steckt, und $I(A, B) = H(B)$, wenn A die volle Information über B enthält. Das ist z.B. der Fall, wenn $A = B$ ist, in welchem Fall gilt $I(B, B) = H(B)$.

Allgemein formulieren wir als *erstes Axiom*

$$0 \leq I(A, B) \leq H(B) \,, \tag{A_1}$$

was besagt, daß in einem beliebigen Träger A nicht mehr Information über einen beliebigen Träger B enthalten sein kann als in B selbst. Dieses Axiom ist unmittelbar einleuchtend.

Als *zweites Axiom* fordern wir, daß gilt

$$I(A, B) = I(B, A) \,, \tag{A_2}$$

was besagt, daß in einem beliebigen Träger A über einen beliebigen Träger B genausoviel Information steckt wie in B über A. Dieses Axiom ist vielleicht nicht ganz so einleuchtend wie (A_1). Im Rahmen des Modells, an welchem wir uns orientieren wollen, ergibt es sich aber aus der dortigen Definition der Information in einem Versuch über einen anderen notwendig als Schlußfolgerung (2.21). In diesem Modell haben wir gesehen, daß man durch Komposition von Versuchen die Information über einen Versuch vergrößern kann. Wir denken uns daher auch Kompositionen von Informationsträgern als möglich und bezeichnen diese mit $A \cdot B$, falls A mit B komponiert wird. Es sollen auch Kompositionen von Kompositionen möglich sein, wobei es auf die Reihenfolge nicht ankommt, d.h. es gilt $A \cdot B = B \cdot A$. Die Komposition soll auch assoziativ sein, d.h. es gilt $(A \cdot B) \cdot C = A \cdot (B \cdot C)$. Man kann dann auf die Klammern verzichten und einfach $A \cdot B \cdot C$ schreiben. Eine beliebige Komposition von Trägern kann man also auf beliebige Weise durch paarweise Komposition herstellen.

Als *drittes Axiom* fordern wir konsequenterweise

$$I(A, B) \leq I(A \cdot C, B) \,, \tag{A_3}$$

d.h., wenn wir einen Träger A mit einem Träger C komponieren, erhalten wir höchstens mehr Information über einen Träger B, als in A über B steckt.

Aus den drei Axiomen lassen sich einfache Schlußfolgerungen ableiten, mit deren Hilfe man die logische Konsistenz des bisher entwickelten axiomatischen Informationsbegriffes überprüfen kann.

Wählt man in (A_3) speziell $A = B$, so ergibt sich

$$H(B) = I(B, B) \leq I(B \cdot C, B) \leq H(B) \,,$$

mithin

$$I(B \cdot C, B) = H(B) \,,$$

d.h. durch Komposition eines beliebigen Trägers B mit einem Träger C kann man über B nicht mehr Information gewinnen, als in B steckt, was unmittelbar einleuchtet. Man wird erwarten, daß man durch Komposition von A und B höchstens mehr Information erhält, als in A oder B allein steckt. Das ergibt sich aus

$$\begin{aligned} H(A \cdot B) &= I(A \cdot B, A \cdot B) \\ &\geq I(A, A \cdot B) = I(A \cdot B, A) \\ &\geq I(A, A) = H(A) \end{aligned}$$

als Folge von (A_2) und (A_3).

Aus (A_3) ergibt sich zwingend die Implikation

$$I(A, B) = I(A \cdot C, B) \Longrightarrow I(C, B) \leq I(A, B) \ ,$$

d.h., wenn man durch Komposition von A und C nicht mehr Information über B erhält als bereits in A steckt, dann kann die Information in C über B nur höchstens so groß sein wie die in A über B.

Durch Kombination von (A_1) und (A_3) gelangt man zu der Ungleichungskette

$$0 \leq I(A, B) \leq I(A \cdot C, B) \leq H(B) \ ,$$

die man sich fortgesetzt denken kann zu einer Kette der Form

$$0 \leq I(A_1, B) \leq I(A_1 \cdot A_2, B) \leq \dots$$
$$\dots \leq I(A_1 \cdot A_2 \dots A_n, B) \leq H(B) \ .$$

Diese Kette gibt Anlaß zu der Frage, ob man die Information $H(B)$, die in einem beliebigen Träger B steckt, durch Komposition von geeigneten Trägern $A_1, \dots, A_n$ ausschöpfen kann.

Dieses ist die Grundfrage in dem Nachrichtenmodell der Informationstheorie , in dem man eine Zeichenserie so zu codieren versucht, daß die in dieser Zeichenserie steckende Information voll ausgeschöpft wird.

Nimmt man an, es sei die Ausschöpfung von $H(B)$ möglich, d.h., es gelte

$$I(A_1 \cdot A_2 \dots A_n, B) = H(B) \ , \tag{2.30}$$

dann folgt notwendig

$$H(B) = I(B, A_1 \cdot A_2 \dots A_n) \leq H(A_1 \cdot A_2 \dots A_n) \ , \tag{2.31}$$

d.h., die in der Komposition $A_1 \cdot A_2 \dots A_n$ steckende Information muß mindestens so groß sein wie $H(B)$.

In dem zuvor behandelten Informationsmodell ist noch eine weitere Beziehung beweisbar, die wir als *viertes Axiom* einführen wollen, und zwar als weitere Ungleichung

$$H(A \cdot B) \leq H(A) + H(B) \ , \tag{A_4}$$

welche besagt, daß man durch Komposition von Trägern nicht mehr als die Summe der Informationen gewinnen kann, die in den Trägern selber steckt.

Sinnvollerweise sollte man dann allerdings das Axiom (A_4) noch durch ein *fünftes Axiom* ergänzen, nämlich

$$I(A, B) = 0 \implies H(A \cdot B) = H(A) + H(B) . \qquad (A_5)$$

Dieses besagt, zusammen mit (A_4), daß man durch Komposition von A und B die maximal mögliche Information erhält, wenn A und B wechselseitig keine Information übereinander enthalten (hier wird auch noch (A_2) verwendet).

Aus (A_4) leitet man durch vollständige Induktion ab, daß gilt

$$H(A_1 \cdot A_2 \ldots A_n) \leq H(A_1) + H(A_2) + \ldots + H(A_n) .$$

so daß sich aus (2.31) als weitere notwendige Bedingung für (2.30) die Bedingung

$$H(B) \leq H(A_1) + \ldots + H(A_n) \qquad (2.32)$$

ergibt.

Wir wollen die Frage nach der Möglichkeit der Beziehung (2.30) noch etwas einengen, indem wir gewisse Träger E auszeichnen, welche die Information $H(E) = 1$ tragen. Diese können wir uns vorstellen als Alternativfragen , bei denen mit der gleichen Wahrscheinlichkeit $\frac{1}{2}$ mit ja oder nein geantwortet wird. Ist dann die Ausschöpfung der Information $H(B)$ eines Trägers B mit Hilfe einer Komposition $E_1 \cdot E_2 \ldots E_n$ von Trägern E_i mit $H(E_i) = 1$ möglich, d.h. gilt

$$I(E_1 \cdot E_2 \ldots E_n, B) = H(B) , \qquad (2.33)$$

so folgt aus (2.32) mit $A_i = E_i$ für $i = 1, \ldots, n$ notwendig die Bedingung

$$H(B) \leq n , \qquad (2.34)$$

welche besagt, daß man eine Mindestzahl solcher Träger E_i mit $H(E_i) = 1$ benötigt, um $H(B)$ auszuschöpfen.

Das entspricht dem Erfragen einer Information mit Hilfe von Alternativfragen . Die notwendige Bedingung (2.34) für die Gültigkeit von (2.33) ist stets erfüllbar, denn $H(B)$ ist eine gewisse Zahl, und zu jeder solchen gibt es eine natürliche Zahl n, die größer oder gleich $H(B)$ ist.

Wie schwächen die Forderung (2.33) ab und fragen nach der Existenz einer Komposition $E_1 \cdot E_2 \ldots E_n$ von Trägern E_i mit $H(E_i) = 1$ derart, daß gilt

$$H(B) \leq H(E_1 \cdot E_2 \ldots E_n) . \qquad (2.35)$$

Dabei wird die Information $H(B)$ dann auch ausgeschöpft, aber zuviel Information aufgewendet. Man wird daher versuchen $E_1, \ldots, E_n$ so zu wählen, daß (2.35) erfüllt ist und $H(E_1 \cdot E_2 \ldots E_n)$ dabei möglichst klein ausfällt.

Um das leisten zu können, fordern wir ein *sechstes Axiom*, das es uns erlaubt, durch Komposition von Trägern E_i mit $H(E_i) = 1$ beliebig große Informationen zu erzeugen. Es lautet folgendermaßen: Zu jedem Träger A gibt es einen Träger E mit

$$H(E) = 1 \quad \text{und} \quad I(E, A) = 0 \ . \tag{A_6}$$

Um (2.35) zu erfüllen, wählen wir dann einen ersten Träger E mit $H(E_1) = 1$ und finden dazu nach (A_6) einen Träger E_2 mit $H(E_2) = 1$ und $I(E_1, E_2) = 0$. Aus (A_5) ergibt sich dann

$$H(E_1 \cdot E_2) = H(E_1) + H(E_2) = 2 \ .$$

Zu $E_1 \cdot E_2$ wählen wir dann wieder einen Träger E_3 mit $H(E_3) = 1$ und $I(E_3, E_1 \cdot E_2) = 0$, so daß folgt

$$H(E_1 \cdot E_2 \cdot E_3) = H(E_1 \cdot E_2) + H(E_3) = 3 \ .$$

In dieser Weise fortfahrend, können wir für jedes $n \in I\!N$ eine Komposition $E_1 \cdot E_2 \ldots E_n$ von Trägern E_i mit $H(E_i) = 1$ finden, für die gilt

$$H(E_1 \cdot E_2 \ldots E_n) = n \ .$$

Wählt man das kleinste $n \in I\!N$, für welches (2.34) erfüllt ist, so ist auch (2.35) erfüllt und zudem noch so, daß $H(E_1 \cdot E_2 \ldots E_n)$ möglichst klein ausfällt.

Literaturverzeichnis

[1] A.M. Jaglom und J.M. Jaglom: Wahrscheinlichkeit und Information. Verlag Harri Deutsch: Thun und Frankfurt a.M. 1984, 4. Aufl..

[2] C.E. Shannon and W. Weaver: The Mathematical Theory of Communication. University of Illinois Press 1949 (deutsche Übersetzung: Mathematische Grundlagen der Informationstheorie. Oldenbourg Verlag: München - Wien 1976).

3 Entscheidungs- und Spielmodelle

3.1 Ein allgemeines Entscheidungsmodell

Beim Versuch, eine mathematische Entscheidungstheorie zu entwerfen, steht man zunächst einmal vor der Aufgabe einer begrifflichen Klassifikation (vgl. [3]). Entscheidungen können von Individuen oder von Gruppen getroffen werden. Das ist keine biologisch-soziologische Einteilung, sondern eine funktionale. Eine Gruppe mit einem einheitlichen Interesse kann theoretisch wie ein Individuum behandelt werden. Treten allerdings Konflikte auf und sind Kompromisse nötig, so wird man zwischen Gruppen und Individuen theoretisch unterscheiden müssen.

Entscheidungen finden unter Bedingungen statt, die bekannt, teilweise, z.B. mit einer gewissen Wahrscheinlichkeit, bekannt oder völlig unbekannt sein können. Entsprechend unterscheidet man zwischen

a) Entscheidungen unter Gewißheit ,

b) Entscheidungen unter Risiko ,

c) Entscheidungen unter Ungewißheit .

Entscheidungen haben Folgen, d.h. sie führen zu Ergebnissen. Gleichgültig, ob bekannt, teilweise bekannt oder völlig unbekannt ist, welches Ergebnis eintritt, wenn eine bestimmte Entscheidung getroffen worden ist, müssen diese Ergebnisse bewertet werden, um auf diese Weise auch die Entscheidungen direkt oder indirekt bewerten zu können. Diese Bewertung ist aber nur dann unproblematisch, wenn ein direkter kausaler Zusammenhang zwischen Entscheidung und Ergebnis besteht, wie im Falle der Entscheidung unter Gewißheit. Ist dieser kausale Zusammenhang nicht gegeben, so wird man die Bewertung der Entscheidung gewissen Kriterien unterwerfen müssen. Wir werden sehen, daß hier eine Willkür auftritt, die methodischer Kritik unterworfen werden kann. Um nun aus diesen Ingredienzien ein mathematisches Modell zu machen, gehen wir von einem Individuum als Entscheidungsträger aus, dem in einer bestimmten Situation m Entscheidungen oder auch Aktionen $A_1, \ldots, A_m$ zur Verfügung stehen. Diese Entscheidungen werden nun getroffen unter gewissen Bedingungen oder auch Zuständen $s_1, \ldots, s_n$, von denen bekannt, teilweise bekannt, oder auch nicht bekannt ist, welcher vorliegt, wenn eine bestimmte Entscheidung getroffen wird. Weiterhin gibt es $m \cdot n$ Bewertungsgrößen N_{ij} für $i = 1, \ldots, m$ und $j = 1, \ldots, n$, die jeweils das Ergebnis bewerten, welches eintritt, wenn die Entscheidung A_i im Zustand s_j getroffen wird. Das ganze läßt sich in Form einer Matrix anordnen:

$$
\begin{array}{c|cccc}
 & s_1 & s_2 & \ldots & s_n \\
\hline
A_1 & N_{11} & N_{12} & \ldots & N_{1n} \\
A_2 & N_{21} & N_{22} & \ldots & N_{2n} \\
\vdots & \vdots & \vdots & \vdots & \vdots \\
A_m & N_{m1} & N_{m2} & \ldots & N_{mn}
\end{array}
\tag{3.1}
$$

Man bezeichnet die Größen N_{ij} oft auch als Nutzenwerte . Man braucht sich darunter nicht unbedingt Zahlenwerte vorzustellen. Es genügt, wenn man sie anordnen, d.h. in eine Bewertungsreihe bringen kann. Im Falle von Entscheidungen unter Gewißheit ist damit die Frage nach der Auswahl einer "besten" Entscheidung einfach zu beantworten. Man braucht dazu nur der Entscheidung A_i den dazugehörigen (bekannten) Zustand s_j zuzuordnen und die Größen N_{ij} anzuordnen. Unter diesen geordneten Größen wählt man dann eine ranghöchste aus und trifft die zugehörige Entscheidung.

Bei Entscheidungen unter Risiko oder Ungewißheit gibt es keine eindeutige Strategie zur Auswahl einer besten Entscheidung. Das Auswahlkriterium hängt hier von der Einschätzung der Situation durch den Entscheidungsträger ab, und er könnte versuchen, seine Entscheidung A_i so zu fällen, daß bei dann vorliegendem (unbekanntem) Zustand s_j der zugehörige Nutzen N_{ij} möglichst groß ausfällt. Ist er vorsichtig und begnügt sich mit einem garantierten Nutzen, so wird er die folgende Strategie wählen: Fällt er eine Entscheidung A_i, so ist ihm der minimale Wert σ_i aller Nutzenwerte N_{ij} für $j = 1, \ldots, n$ garantiert. Demzufolge wählt er A_i so, daß σ_i möglichst groß ausfällt. Mit dieser vorsichtigen Max-Min-Entscheidung kann er unter Umständen sehr schlecht liegen, wie das folgende Beispiel zeigt:

$$
\begin{array}{c|cc}
 & s_1 & s_2 \\
\hline
A_1 & 0 & 100 \\
A_2 & 1 & 1
\end{array}
$$

Hier ist $\sigma_1 = 0$ und $\sigma_2 = 1$. Also wird sich der Entscheidungsträger für A_2 entscheiden, und der Nutzen 1 ist ihm garantiert. Mit etwas mehr Mut zum Risiko könnte er allerdings auch 100 als Nutzen gewinnen und würde dabei nur 1 gegenüber dem garantierten Nutzen 1 verlieren, wenn der Zustand s_1 vorläge.

Mut zum vollen Risiko könnte man durch die folgende Strategie ausdrücken. Für jede Entscheidung A_i bestimmt man den maximalen Wert μ_i unter den Nutzenwerten N_{ij} für $j = 1, \ldots, n$ und wählt A_i so, daß μ_i maximal ausfällt. Hierbei würde man sich in dem obigen Beispiel für A_1 entscheiden und den Nutzenwert 0 gegenüber 100 riskieren, wenn s_1 vorläge.

Die Frage, welche von den beiden Strategien die "vernünftigere" ist, ist sicher nicht eindeutig zu beantworten und hängt von der Einschätzung des Entscheidungsträgers ab.

Aber selbst, wenn man als Grundeinstellung für vernünftiges Verhalten die Vorsicht bevorzugt, gibt es "vernünftige" Strategien, die in derselben Entscheidungssituation zu ganz verschiedenen Ergebnissen führen. Um das zu demonstrieren, definieren wir eine Risiko-Matrix (R_{ij}) folgendermaßen: Zu jedem Zustand s_j bestimmen wir den maximalen

Nutzen $N_j = \max\{N_{ij} : i = 1, \ldots, m\}$ und setzen

$$R_{ij} = N_j - N_{ij} \quad \text{für} \quad i = 1, \ldots, m \quad \text{und} \quad j = 1, \ldots, n^1 \, .$$

Das Risiko der Entscheidung A_i bei Vorliegen des Zustandes s_j ist also die Abweichung des Nutzens N_{ij} vom maximal möglichen Nutzen N_j beim Zustand s_j. Eine "vernünftige" Strategie wird nun im Sinne des Prinzips der Vorsicht folgendermaßen definiert: Zu jeder Entscheidung A_i bestimmt man den Maximalwert r_i aller Risiken R_{ij} für $j = 1, \ldots, n$ und wählt A_i so, daß r_i minimal ausfällt. Im obigen Beispiel lautet die Risiko-Matrix :

	s_1	s_2
A_1	1	0
A_2	0	99

Hier ist $r_1 = 1$ und $r_2 = 99$. Somit ist A_1 als beste Entscheidung zu wählen. Dieses Ergebnis ist aber dem der Max-Min-Nutzen-Strategie genau entgegengesetzt. Welche von den beiden Strategien ist denn nun die vernünftigere? Die folgende Überlegung führt zunächst noch zu einer Stützung der Min-Max-Risiko-Strategie . Geht man davon aus, daß eine optimale Entscheidung nicht davon abhängen sollte, auf welchem Niveau die Nutzenwerte N_{ij} für $i = 1, \ldots, m$ liegen, die zum Zustand s_j gehören, so wird man auf jede Spalte der Nutzenmatrix (3.1) eine Konstante addieren oder von ihr subtrahieren können, ohne daß sich die Optimalität einer Entscheidung ändert. Subtrahiert man speziell von der zu s_j gehörigen Spalte den Wert $N_j = \max\{N_{ij}| \ i = 1, \ldots, m\}$, so erhält man die negative Risiko-Matrix. Eine Anwendung der Max-Min-Nutzen-Strategie auf diese geänderte Nutzenmatrix ist dann aber gleichwertig mit der Anwendung der Min-Max-Risiko-Strategie auf die Risiko-Matrix $(R_{ij}) = (N_j - N_{ij})$. Hierin liegt zweifellos ein weiteres stützendes Argument für die Min-Max-Risiko-Strategie. Diese hat aber auch einen schwerwiegenden Nachteil, den wir an dem folgenden Beispiel demonstrieren wollen. Die Nutzen-Matrix laute:

	s_1	s_2	s_3
A_1	10	5	1
A_2	0	10	4
A_3	5	2	10

Dann ist die Risiko-Matrix gegeben durch

	s_1	s_2	s_3
A_1	0	5	9
A_2	10	0	6
A_3	5	8	0

Wegen $r_1 = 9$, $r_2 = 10$ und $r_3 = 8$ ist A_3 eine optimale Entscheidung im Sinne der Min-Max-Risiko-Strategie .

---

[1] Von hierab setzen wir voraus, daß Nutzenwerte Zahlen sind

Nun nehmen wir an, die Entscheidung A_1 sei aus irgendeinem Grunde unerwünscht und streichen die erste Zeile aus der Nutzen-Matrix. Dann erhalten wir als Risiko-Matrix

	s_1	s_2	s_3
A_2	5	0	6
A_3	0	8	0

Jetzt ist $r_2 = 6$ und $r_3 = 8$, und A_2 ist eine optimale Entscheidung im Sinne der Min-Max-Risiko-Strategie .

Ergebnis

Streicht man aus einem Entscheidungsmodell eine nicht-erwünschte, nicht-optimale Entscheidung, so bleibt eine optimale Entscheidung im Sinne der Min-Max-Risiko-Strategie nicht optimal.

Das ist zweifellos ein schwerwiegender Nachteil dieser Strategie. Dieser Nachteil hat die folgende mathematische Ursache: Ordnet man die Entscheidungen dadurch an, daß man sagt, A_{i1} sei A_{i2} vorzuziehen, wenn A_{i1} im Sinne der Min-Max-Risiko-Strategie besser ist als A_{i2}, in Zeichen $A_{i1} \geq A_{i2}$, so ist diese Ordnungsrelation nicht transitiv, d.h., es gilt nicht allgemein

$$A_{i1} \geq A_{i2} \quad \text{und} \quad A_{i2} \geq A_{i3} \Longrightarrow A_{i1} \geq A_{i3} .$$

Im obigen Beispiel gilt

$$A_1 \geq A_2 \quad \text{und} \quad A_2 \geq A_3 , \quad A_3 \geq A_1 .$$

Wäre diese Ordnung transitiv, so könnte man in einem Entscheidungsmodell die Entscheidungen paarweise miteinander vergleichen und stets die bessere zum weiteren Vergleich behalten. Auf diese Weise würde man zu einer optimalen Entscheidung gelangen, die auch optimal bliebe, wenn aus dem Modell irgendeine, von dieser optimalen verschiedene Entscheidung entfernt würde.

Neben den beiden diskutierten wollen wir noch zwei weitere Strategien zur Auswahl einer optimalen Entscheidung angeben. Die erste ist das sog. Pessimismus-Optimismus-Kriterium von Hurwicz . Dieses ist eine Mischung aus der Max-Min-Nutzen-Strategie und dem Mut zum vollen Risiko. Man gibt sich einen sog. Pessimismus-Optimismus-Index $\alpha \in [0, 1]$ vor, bestimmt zu jeder Entscheidung A_i die Größen

$$m_i = \min\{N_{ij}|\ j = 1, \ldots, n\} , \quad M_i = \max\{N_{ij}|\ j = 1, \ldots, n\}$$

und wählt $i \in \{1, \ldots, m\}$ so, daß $\alpha m_i + (1 - \alpha) M_i$ maximal ausfällt.

Die Wahl $\alpha = 1$ führt zur Max-Min-Nutzen-Strategie, und $\alpha = 0$ drückt den Mut zum vollen Risiko aus.

Gegen dieses Kriterium läßt sich ein ähnlicher Einwand erheben wie der gegen die Max-Min-Nutzen-Strategie. In der Situation

	s_1	s_2	$\ldots$	s_j	$\ldots$	s_{100}
A_1	0	1	$\ldots$	1	$\ldots$	1
A_2	1	0	$\ldots$	0	$\ldots$	0

ist für jedes $\alpha \in [0,1]$ und $i = 1,2$

$$\alpha\, m_i + (1 - \alpha)\, M_i = \alpha \cdot 0 + (1 - \alpha) \cdot 1 = 1 - \alpha\ ,$$

d.h. die beiden Entscheidungen A_1 und A_2 sind gleichwertig. Intuitiv würde man aber doch wohl A_1 den Vorrang geben. Hierbei unterstellt man aber schon, daß das Vorliegen eines der Zustände $s_2, \ldots, s_{100}$ eine höhere Wahrscheinlichkeit hat, als das Vorliegen des Zustandes s_1. Das aber widerspricht der Annahme der völligen Ungewißheit, von der wir bisher stillschweigend ausgegangen sind und die wir auch im folgenden beibehalten wollen.

Die zweite der beiden weiteren Strategien, die wir diskutieren wollen, basiert auf dem Prinzip des unzureichenden Grundes . Dieses geht davon aus, daß man bei völliger Ungewißheit über den während der Entscheidung vorliegenden Zustand annehmen sollte, alle Zustände seien gleich wahrscheinlich. Jeder Entscheidung A_i ordnet man dann den sog. erwarteten Nutzen

$$E_i = \frac{1}{n}\, (N_{i1} + N_{i2} + \ldots + N_{in})\ , \quad i = 1, \ldots, m\ ,$$

zu und wählt i so, daß E_i maximal ausfällt.

Bei der praktischen Verwendung dieses Kriteriums stellt sich die schwierige Aufgabe, die möglichen Zustände in einem Entscheidungsmodell in eine Folge sich gegenseitig ausschließender und einen Gesamtzustandsbereich ausschöpfender Bedingungen zu bringen. Wenn dieses überhaupt möglich ist, so ist es unter Umständen auf mehrfache Weisen möglich, die zu ganz unterschiedlichen optimalen Entscheidungen führen können. Überhaupt ist der intuitive Begriff der Gleichwahrscheinlichkeit sehr vage und empirisch schwer faßbar.

Insgesamt ist die bisherige Diskussion sehr unbefriedigend. Wir wollen daher im nächsten Abschnitt versuchen, eine Entscheidungstheorie deduktiv, d.h. von plausiblen Annahmen bezüglich der allgemeinen Eigenschaften eines Entscheidungsmodells her, aufzubauen.

3.2 Ein axiomatischer Aufbau einer Entscheidungstheorie

Jedes Entscheidungsmodell wird, wie wir gesehen haben, beschrieben durch eine Menge $\mathcal{A}$ von Entscheidungen (oder auch Aktionen) A, eine Menge S von Zuständen s und eine Nutzenfunktion $N : \mathcal{A} \times S \to I\!R$, die jedem Paar $(A, s) \in \mathcal{A} \times S$ einen Nutzenwert $N(A, s)$ zuordnet. Aus der Menge $\mathcal{A}$ wird dann nach irgendeinem Entscheidungskriterium eine Teilmenge $\tilde{\mathcal{A}}$ ausgewählt, die aus sog. optimalen Entscheidungen besteht.

Es erhebt sich jetzt die Frage, welche Forderungen vernünftiger Art man an dieses Entscheidungsmodell richten soll, um es logisch konsistent und praktikabel zu machen. Wir wollen diese Forderungen als Axiome bezeichnen. Die folgenden drei werden sicher als vernünftig zu akzeptieren sein.

Axiom 1: Die Menge $\tilde{\mathcal{A}}$ der optimalen Entscheidungen ist nichtleer.

Axiom 2: Die Menge $\tilde{\mathcal{A}}$ hängt nicht von der Wahl des Nullpunktes und der Einheiten für die Werte der Nutzenfunktion $N : \tilde{\mathcal{A}} \times S \to I\!R$ ab.

Axiom 3: Die Menge $\tilde{\mathcal{A}}$ hängt nicht von der Numerierung der Menge $\mathcal{A}$ ab.

In $\mathcal{A}$ läßt sich auf natürliche Weise eine Ordnung einführen vermöge der Definition

$$A \geq A' \Longleftrightarrow N(A, s) \geq N(A', s) \; \forall\, s \in S \; .$$

Eine Entscheidung $A \in \mathcal{A}$ heißt maximal, falls gilt

$$A' \in \mathcal{A} \quad \text{und} \quad A' \geq A \quad \text{impliziert} \quad A' \sim A \; ,$$

wobei

$$A' \sim A \Longleftrightarrow N(A', s) = N(A, s) \; \forall\, s \in S \; .$$

Damit formulieren wir als nächstes

Axiom 4: $A \in \tilde{\mathcal{A}}$ und $A' \geq A$ oder $A' \sim A$ impliziert $A' \in \tilde{\mathcal{A}}$.

Dieses erscheint ebenso vernünftig wie die Axiome 1 bis 3. Etwas problematischer ist schon das

Axiom 5: Ist $A \in \tilde{\mathcal{A}}$, so ist A maximal.

Dieses Axiom ist z.B. für das Max-Min-Nutzenkriterium und für das Pessimismus-Optimismus-Kriterium nicht erfüllt, wie das Beispiel

	s_1	s_2	s_3
A_1	0	1	3/4
A_2	0	1	1/2

zeigt. Bei diesem ist $m_1 = m_2 = 0$, $M_1 = M_2 = 1$ und für jedes $\alpha \in [0, 1]$

$$\alpha\, m_i + (1 - \alpha)\, M_i = (1 - \alpha) \quad \text{für} \quad i = 1, 2 \; .$$

Für beide Kriterien ist also $A_1 \in \tilde{\mathcal{A}}$ und $A_2 \in \tilde{\mathcal{A}}$. Wegen $A_1 \geq A_2$ und $A_1 \not\sim A_2$ ist jedoch A_2 nicht maximal.

Axiom 5 wird aber für die beiden Kriterien gültig, wenn man aus $\mathcal{A}$ oder $\tilde{\mathcal{A}}$ die nicht-maximalen Entscheidungen entfernt.

Hierdurch wird das folgende Axiom suggeriert.

Axiom 6: Fügt man zu $\mathcal{A}$ eine Entscheidung A' hinzu mit $A \geq A'$ für irgendein $A \in \mathcal{A}$, so ändert sich die Menge $\tilde{\mathcal{A}}$ der optimalen Entscheidungen nicht.

In diesem Axiom steckt die stillschweigende Annahme, daß durch Hinzufügung einer neuen Entscheidung sich die Information über den bei einer getroffenen Entscheidung vorliegenden Zustand nicht ändert.

Axiom 6 kann noch verstärkt werden zu der folgenden Form des Prinzips der Unabhängigkeit irrelevanter Alternativen, nämlich

Axiom 7: Ist eine Entscheidung $A \in \mathcal{A}$ nicht optimal, d.h. $A \notin \tilde{\mathcal{A}}$, so kann A nicht durch Hinzufügung einer neuen Entscheidung optimal gemacht werden.

Auf Grund der obigen Diskussion ist Axiom 7 für das Max-Min-Risiko-Kriterium nicht erfüllt.

Durch Axiom 7 wird nicht verhindert, daß durch Hinzufügen einer neuen Entscheidung eine optimale Entscheidung nicht-optimal wird. Das wird man auch allgemein nicht verhindern können. Man kann aber Axiom 7 wenigstens noch verstärken zu

Axiom 7': Fügt man $\mathcal{A}$ eine neue Entscheidung A' hinzu, so bleibt jede nicht-optimale Entscheidung $A \in \mathcal{A}$ nicht-optimal und eine Entscheidung $A \in \tilde{\mathcal{A}}$ kann nur in eine nicht-optimale übergehen, wenn die hinzugefügte Entscheidung A' optimal ist.

Eine weitere Verschärfung von Axiom 7' bietet sich in der folgenden Form an als

Axiom 7'': Fügt man $\mathcal{A}$ eine neue Entscheidung A' hinzu, so bleibt jede nicht-optimale Entscheidung $A \in \mathcal{A}$ nicht-optimal und entweder

(1) alle optimalen Entscheidungen aus $\mathcal{A}$ bleiben optimal oder

(2) alle optimalen Entscheidungen aus $\mathcal{A}$ werden nicht-optimal.

Axiom 7'' kann aber in Verbindung mit den Axiomen 5 oder 6 zu vernünftigen Resultaten führen. Dazu betrachten wir das folgende Entscheidungsmodell

	s_1	s_2	s_3	s_4
A_1	0	4	2	2
A_2	4	0	0	4

und nehmen an, daß A_1 und A_2 optimal sind. Fügt man die Entscheidung A_3 mit den Nutzenwerten

	s_1	s_2	s_3	s_4
A_3	4	0	0.1	4

hinzu, so gilt $A_3 \geq A_2$ und $A_3 \not\succ A_2$.

Nach Axiom 5 kann dann A_2 nicht optimal bleiben. A_1 hingegen könnte aber optimal bleiben. Das wird z.B. dadurch suggeriert, daß A_2 und A_3 bezüglich des Max-Min-Nutzen-, des Min-Max-Risoko- - und des Pessimismus-Optimismus-Kriteriums gleichwertig sind.

Das Kriterium, welches auf dem Prinzip des unzureichenden Grundes basiert, erfüllt Axiom 7''. Durch die Axiome 7, 7' und 7'' wird jedoch das Min-Max-Risiko-Kriterium ausgeschlossen.

Um das nächste Axiom formulieren zu können, benötigen wir den Begriff der Mischung zweier Entscheidungsmodelle. Gegeben seien die beiden Modelle $(\mathcal{A}, S, N)$ und $(\mathcal{A}, S, N')$ sowie eine Zahl $\gamma \in [0, 1]$. Unter einer Mischung dieser beiden Modelle versteht man dann das Modell $(\mathcal{A}, S, \gamma N + (1 - \gamma) N')$.

Axiom 8: Gegeben seien zwei Modelle $(\mathcal{A}, S, N)$ und $(\mathcal{A}, S, N')$ mit

$$N'(A, s) = N'(s) \quad \text{für alle} \quad A \in \mathcal{A} \quad \text{und} \quad s \in S .$$

Dann ist für jede Mischung dieser beiden Modelle die Menge der optimalen Entscheidungen gleich derjenigen von $(\mathcal{A}, S, N)$.

Folgerung: Die Menge $\mathcal{A}$ der optimalen Entscheidungen eines Modells $(\mathcal{A}, S, N)$ ändert sich nicht beim Übergang zum Modell $(\mathcal{A}, S, \hat{N})$ mit

$$\hat{N}(A, s) = N(A, s) \quad \text{für alle} \quad A \in \mathcal{A}$$

$$\text{und} \quad s \in S \quad \text{mit} \quad s \neq \hat{s} \quad \text{für ein} \quad \hat{s} \in S \quad \text{und}$$

$$\hat{N}(A, \hat{s}) = N(A, \hat{s}) + n \quad \text{für alle} \quad A \in \mathcal{A}$$

und eine beliebige Konstante $n \in I\!R$.

Diese Folgerung haben wir oben benutzt, um das Min-Max-Risiko-Kriterium noch weiter abzustützen, nachdem es bei einem Beispiel zu einem Ergebnis geführt hatte, das dem entgegengesetzt war, welches mit dem Max-Min-Nutzen-Kriterium erzielt wurde. Durch das Axiom 8 wird dieses Kriterium zusammen mit dem Pessimismus-Optimismus-Kriterium ausgeschlossen. Man könnte das vielleicht zum Anlaß nehmen, Axiom 8 nicht zu akzeptieren. In [3] werden hierzu zahlreiche Argumente und Gegenargumente ins Feld geführt. Auch das folgende Axiom, obwohl sehr einleuchtend, ist nicht völlig unumstritten (siehe ebenfalls [3]).

Axiom 9: Die Menge $\tilde{\mathcal{A}}$ der optimalen Entscheidungen ist konvex, d.h. mit $A, A' \in \tilde{\mathcal{A}}$ gehört für jedes $\lambda \in [0,1]$ auch die "gemischte Entscheidung" $\lambda A + (1-\lambda)\,A'$ zu $\tilde{\mathcal{A}}$. Durch dieses Axiom wird das Pessimismus-Optimismus-Kriterium für jeden Index $\alpha \in [0,1]$ ausgeschlossen.

Die bisher betrachteten Axiome sind nicht allein charakteristisch für Entscheidungsmodelle mit völliger Ungewißheit über den vorliegenden Zustand. Es ist aber interessant, festzustellen, daß durch sie alle oben eingeführten Entscheidungs-Strategien oder -Kriterien bis auf die- oder dasjenige ausgeschlossen werden, die oder das auf dem Prinzip des unzureichenden Grundes beruht.

Das folgende Axiom ist sicher ein Ausdruck völliger Unkenntnis über den herrschenden Zustand.

Axiom 10: Zu jedem Entscheidungsmodell hängt die Menge $\tilde{\mathcal{A}}$ der optimalen Entscheidungen nicht von der Numerierung der Zustände ab.

Man könnte von diesem Axiom meinen, es drücke im Wesentlichen die Gleichwahrscheinlichkeit aller Zustände aus. Das ist aber nicht notwendig der Fall, wenn es nicht mit anderen Axiomen geeignet verknüpft wird.

Akzeptiert man aber z.B. zusätzlich das Axiom, so daß eine Entscheidung nur dann optimal ist, wenn sie bei einem paarweisen Vergleich optimal ist, so kann man Axiom 10 folgendermaßen interpretieren: Ist $A' \in \mathcal{A}$ optimal und sind für ein $A'' \in \mathcal{A}$ die zugehörigen Nutzenwerte $N(A'', s_1), \ldots, N(A'', s_n)$ eine Permutation der Nutzenwerte $N(A', s_1), \ldots, N(A', s_n)$, so ist auch A'' optimal. Diese Aussage erfordert aber nicht die Annahme, daß alle Zustände gleich wahrscheinlich sind, sondern gilt auch bei Anwendung des Max-Min-Nutzen-Kriteriums . Es läßt sich jedoch zeigen, daß durch Kopplung von Axiom 10 mit den Axiomen 1 bis 9 (wobei 2 nicht gebraucht wird) das Kriterium charakterisiert wird, welches auf dem Prinzip des unzureichenden Grundes beruht. Da dieses von der Gleichwahrscheinlichkeit aller Zustände ausgeht, könnte man hierin eine Bestätigung dafür sehen, daß Axiom 10 im Wesentlichen doch die Gleichwahrscheinlichkeit aller Zustände ausdrückt. Das zeigt auch das folgende Beispiel:

	s_1	s_2	s_3	s_4
A_1	6	2	2	2
A_2	0	5	5	5

Modell 1

	s_1	s_2
A_1	6	2
A_2	0	5

Modell 2

Nach dem Kriterium, basierend auf dem Prinzip des unzureichenden Grundes , erhält man im Modell 1 $E_1 = 3$, $E_2 = 3.75$, d.h. A_2 ist optimal, und im Modell 2 $E_1 = 4$, $E_2 = 2.5$, d.h. A_1 ist optimal. Hierin drückt sich auch optimales Entscheiden bei Gleichverteilung aller Zustände aus. Bei totaler Unkenntnis des tatsächlich vorhandenen Zustandes könnte man aber auch die beiden Modelle als gleichwertig ansehen und die gleichen optimalen Entscheidungen erwarten.

Hierdurch wird man auf das folgende Axiom geführt.

Axiom 11: Weglassen von mehrfach auftretenden Spalten in der Nutzenmatrix eines Entscheidungsmodells bis auf eine ändert nicht die Menge der optimalen Entscheidungen.

Dieses Axiom schließt dann aber das Kriterium aus, welches auf dem Prinzip des unzureichenden Grundes beruht. Einen Kompromiß könnte man dadurch erzielen, daß man dieses Kriterium auf das Entscheidungsmodell anwendet, nachdem man mehrfach auftretende Spalten in der Nutzenwertmatrix bis auf eine weggelassen hat. Dieses modifizierte Kriterium genügt dann aber nicht mehr dem Axiom 7 oder einer seiner Varianten, wie das folgende Beispiel zeigt:

	s_1	s_2	s_3
A_1	11	0	0
A_2	0	10	10
A_3	9	9	0

In dem Modell, welches nur aus A_1, A_2, s_1, s_2, s_3 und den zugehörigen Nutzenwerten besteht, ist nach dem modifizierten Kriterium A_1 optimal. Fügt man jedoch A_3 mit den zugehörigen Nutzenwerten hinzu, so ist A_3 optimal, im Widerspruch zu Axiom 7 und seinen Varianten.

Von den Axiomen 10 und 11 sagt man, daß sie die völlige Unkenntnis des bei der Entscheidung herrschenden Zustandes charakterisieren. Sie sind auch miteinander verträglich, ebenso wie die Axiome 1 bis 9. Alle 11 Axiome sind aber nicht miteinander verträglich. Um Verträglichkeit zu erreichen, müßte man schon mindestens eines der Axiome weglassen. Hier bietet sich das Axiom 8 an, welches darauf hinausläuft, daß man durch Addition einer Konstanten auf eine Spalte der Matrix der Nutzenwerte an der Menge der optimalen Entscheidungen nichts ändert.

Läßt man dann in einem Entscheidungsmodell alle nicht-maximalen Entscheidungen weg, so ist das Pessimismus-Optimismus-Kriterium mit den Axiomen 1 bis 6, mit 7, 7', 7", mit 10 und 11 verträglich und das Max-Min-Nutzen-Kriterium sogar zusätzlich noch mit Axiom 9.

3.3   Ein Gruppen-Entscheidungsmodell

Wie bei dem in Abschnitt 3.1 diskutierten Modell für individuelle Entscheidungen geht es auch hier zunächst darum, einen definitorischen Rahmen zu schaffen und geeignete Konzepte zu finden, mit deren Hilfe Entscheidungsfindung innerhalb einer Gruppe von Individuen beschrieben werden kann.

Das Modell besteht aus drei Ingredienzien:

1) Zur Verfügung steht eine endliche Menge $\mathcal{A}$ von Alternativen $x, y, z, \ldots$.

2) Die Gruppe besteht aus n Individuen $1, \ldots, n$.

3) Jedes Individuum i hat in Bezug auf jedes Paar $(u, v) \in \mathcal{A} \times \mathcal{A}$ genau eine der folgenden Präferenzen :

    a) i zieht u der Alternative v vor, in Zeichen: $u\,P_i\,v$,

    b) i zieht v der Alternative u vor, in Zeichen: $v\,P_i\,u$,

    c) i ist bezüglich u und v indifferent, in Zeichen: $u\,I_i\,v$.

Dabei gilt natürlich die Äquivlanez

$$v\,I_i\,u \iff u\,I_i\,v \ .$$

Eine wichtige Einschränkung dieses Modells besteht nun darin, daß die Präferenzen, die ein Individuum i hat, transitiv sein müssen, d.h. es muß gelten:

$$(x\,P_i\,y \text{ oder } x\,I_i\,y) \quad \text{und} \quad (y\,P_i\,z \text{ oder } y\,I_i\,z) \quad \text{impliziert} \quad (x\,P_i\,z \text{ oder } x\,I_i\,z) \ .$$

Weiterhin wird angenommen, daß jede Präferenz P_i oder Indifferenz I_i eine Realisierung einer allgemeinen Präferenzrelation P oder Indifferenzrelation I für das Individuum i ist.

Sei $\mathcal{R}$ die Menge aller bezüglich P und I transitiv geordneten Alternativen R^k, $k = 1, \ldots, m$.

Besteht z.B. $\mathcal{A}$ aus drei Elementen x, y, z, so besteht $\mathcal{R}$ aus den folgenden Elementen:

R^1	R^2	R^3	R^4	R^5	R^6	R^7	R^8	R^9	R^{10}	R^{11}	R^{12}	R^{13}
x	x	y	y	z	z	x	y	z	$x-y$	$x-z$	$y-z$	$x-y-z$
y	z	x	z	x	y	$y-z$	$x-z$	$x-y$	z	y	x	
z	y	z	x	y	x							

Dabei bedeutet z.B.

$$\left[\begin{pmatrix} z \\ x \\ y \end{pmatrix} : z\,P\,x \text{ und } x\,P\,y \right] \quad \text{und} \quad [x-z : x\,I\,z]$$

sowie

$$\left[\begin{pmatrix} y \\ x-z \end{pmatrix} : y\,P\,x \quad \text{und} \quad y\,P\,z \quad \text{und} \quad x\,I\,z \right] \ .$$

Jedes Individuum i hat nun die Möglichkeit, sich für seine Präferenzen für eine der Mengen R^k aus $\mathcal{R}$ zu entscheiden. Das dadurch entstehende n-Tupel $(R^{k_1}, R^{k_2}, \ldots, R^{k_i}, \ldots, R^{k_n}) \in \mathcal{R}^n$ heißt Präferenzprofil (oder auch kurz Profil).

Eine Gruppenentscheidung kommt nun dadurch zustande, daß man jedem solchen Präferenzprofil eine Präferenzmenge R^k aus $\mathcal{R}$ zuordnet, sozusagen als Kompromiß der einzelnen Präferenzmengen R^{k_i} für $i = 1, \ldots, n$. Mathematisch liegt damit eine Abbildung $F : \mathcal{R}^n \to \mathcal{R}$ vor. Mit wachsender Zahl der Alternativen und Individuen gibt es eine sehr rasch anwachsende Zahl solcher Abbildungen. Im obigen Beispiel mit 3 Alternativen und 3 Individuen gibt es 13 geordnete Mengen von je drei Alternativen. Damit besteht die Menge $\mathcal{R}^3$ aus 13^3 Elementen der Form $(R^{k_1}, R^{k_2}, R^{k_3})$, $k_1, k_2, k_3 \in \{1, \ldots, 13\}$, und es gibt 13^{13^3} Abbildungen $F : \mathcal{R}^3 \to \mathcal{R}$.

Es erhebt sich nun die Frage, ob es unter den vielen Abbildungen $F : \mathcal{R}^n \to \mathcal{R}$ solche gibt, die so etwas wie einen demokratischen Kompromiß beschreiben. Man könnte z.B. erwarten, daß F eine Mehrheitsregel im folgenden Sinne erfüllt: Hat in einem Profil $(R^{k_1}, \ldots, R^{k_n})$ die Mehrheit der Individuen eine Präferenz $x\,P\,y, x, y \in \mathcal{A}$, so kommt diese auch in $F(\mathcal{R}^{k_1}, \ldots, \mathcal{R}^{k_n})$ vor. Dazu wählen wir in dem obigen Beispiel das Profil

$$
\begin{array}{ccc}
R^1 & R^4 & R^5 \\
x & y & z \\
y & z & x \\
z & x & y
\end{array}
$$

Die Mehrheit der drei Individuen hat offenbar die Präferenzen $x\,Py$, $y\,Pz$, $z\,Px$. Auf Grund der Mehrheitsregel müßte $F(R^1, R^4, R^5)$ also aus diesen drei Präferenzen bestehen. Das ist aber nicht möglich, da diese nicht transitiv sind und somit $F(R^1, R^4, R^5)$ nicht zu $\mathcal{R}$ gehört. Die Mehrheitsregel ist also nicht erfüllbar.

Dieses Beispiel zeigt, daß die oben gestellte Frage nicht leicht zu beantworten ist, wenn drei oder mehr Alternativen auftreten. Wir wollen im folgenden den Fall von weniger als drei Alternativen beiseitelassen und versuchen, die Abildung $F : \mathcal{R}^n \to \mathcal{R}$ durch geeignete "Demokratie-Bedingungen" festzulegen. Dabei nehmen wir natürlich auch an, daß mindestens zwei Individuen vorkommen, da sonst das Problem trivial wäre.

Man könnte versuchen, den Definitionsbereich von F von vornherein auf geeignete Teilmengen von $\mathcal{R}^n$ einzuschränken, da man davon ausgeht, daß gewisse Präferenzprofile gar nicht vorkommen werden, weil sie zu unterschiedlich und zu schwer zu vereinbarende Präferenzen der einzelnen Individuen enthalten. Das soll aber hier nicht geschehen. Vielmehr stellen wir als

Bedingung 1: Die gesuchte "Demokratie-Abbildung" $F : \mathcal{R}^n \to \mathcal{R}$ sei auf ganz $\mathcal{R}^n$ definiert.

Die zweite Bedingung wollen wir zunächst anhand des obigen Beispiels erläutern. Dazu betrachten wir das Profil

$$
\begin{array}{lll}
R^1 & R^{11} & R^{13} \\
x & x-z & x-y-z \\
y & y & \\
z & &
\end{array}
$$

und nehmen an, daß $F(R^1, R^{11}, R^{13})$ die Präferenz yPz enthält. Das Profil

$$
\begin{array}{ccc}
R^{10} & R^{11} & R^8 \\
x - y & x - z & y \\
z & y & x - z
\end{array}
$$

geht aus dem Profil R^1, R^{11}, R^{13} dadurch hervor, daß y "aufgewertet" wird und x und z ihre Rangfolge behalten. Es ist daher vernünftig zu verlangen, daß $F(R^10, R^{11}, R^8)$ ebenfalls die Präferenz yPz enthält. Hierin spiegelt sich eine Gleichartigkeit der Bewertung wider, die wir jetzt allgemein formulieren als

Bedingung 2: Enthält das Bild $F(R^{k_1}, \ldots, R^{k_n})$ des Profils $(R^{k_1}, \ldots, R^{k_n})$ unter der gesuchten "Demokratie-Abbildung" $F : \mathcal{R}^n \to \mathcal{R}$ die Präferenz xPy und enthält das Profil $(R^{j_1}, \ldots, R^{j_n})$ dieselben Präferenzen, wenn diese x nicht enthalten, und sind in $(R^{j_1}, \ldots, R^{j_n})$ die Präferenzen, die x enthalten gegenüber denen in $R^{k_1}, \ldots, R^{k_n}$ dieselben oder "aufgewertet", so enthält $F(R^{j_1}, \ldots, R^{j_n})$ ebenfalls die Präferenz xPy.

Die dritte Bedingung, die wir stellen wollen, besagt etwas über die Unabhängigkeit der "Demokratie-Abbildung" von irrelevanten Alternativen.

Bedingung 3: Sei $\mathcal{A}_1$ irgendeine Teilmenge von $\mathcal{A}$. Wird dann ein Profil aus $\mathcal{R}^n$ so geändert, daß bei jedem Individuum die paarweisen Vergleiche zwischen den Alternativen aus $\mathcal{A}_1$ ungeändert bleiben, so stimmen in den F-Bildern der beiden Profile die Präferenzordnungen zwischen Alternativen aus $\mathcal{A}_1$ überein.

Diese Bedingung ist sehr stark, wie die folgende Überlegung zeigt: Gegeben seien zwei Individuen und eine "Demokratie-Abbildung" mit folgender Symmetrie-Eigenschaft: Ist (R^{k_1}, R^{k_2}) ein Profil derart, daß R^{k_1} die Präferenz xPy und R^{k_2} die Präferenz yPz enthält, dann enthält das Bild $F(R^{k_1}, R^{k_2})$ die Indifferenz xIy. Eine solche Symmetrie-Eigenschaft wird man sicherlich als demokratisch fair ansehen. $\mathcal{A}$ bestehe nun aus den drei Alternativen x, y, z. Dann betrachten wir das Profil

$$
\begin{array}{cc}
R^1 & R^5 \\
\hline
x & z \\
y & x \\
z & y \\
\hline
\end{array}
$$

Da beide Individuen x der Alternative y vorziehen, ist es vernünftig, anzunehmen, daß das Bild $F(R^1, R^5)$ die Präferenz xPy ebenfalls enthält.

Nun sei $\mathcal{A}_1 = \{x, z\}$. Dann ändert nach Bedingung 3 der Übergang zum Profil

$$
\begin{array}{cc}
R^7 & R^5 \\
\hline
x & z \\
y - z & x \\
& y \\
\hline
\end{array}
$$

nichts an der Beziehung zwischen x und z in $F(R^1, R^5)$ zu der in $F(R^7, R^5)$. Diese ist aber auf Grund der Symmetrie-Eigenschaft notwendig xIz. Analog zeigt man für $\mathcal{A}_1 = \{y, z\}$, daß zIy in $F(R^1, R^5)$ vorkommt, mithin auf Grund der Transitivität xIy, ein Widerspruch gegen xPy. Bedingung 3 ist also mit der Symmetrie-Eigenschaft nicht verträglich.

Die vierte Bedingung bringt die Souveränität der Individuen zum Ausdruck, nämlich

Bedingung 4: Zu jedem Paar von Alternativen $x, y \in \mathcal{A}$ gibt es ein Profil $(R^{k_1}, \ldots, R^{k_n})$ derart, daß $F(R^{k_1}, \ldots, R^{k_n})$ die Präferenz xPy enthält.

Gesetzt den Fall, Bedingung 4 wäre verletzt, so gäbe es ein Paar $x, y \in \mathcal{A}$ derart, daß die Präferenz xPy in keinem Bildelement von F vorkäme. Den Individuen würde dann die "Nicht-Präferenz" von x gegenüber y aufgezwungen. Gäbe es z.B. nur zwei Individuen und zwei Alternativen, d.h. bestünde die Menge $\mathcal{R}$ aus den Elementen

R^1	R^2	R^3
x	y	$x - y$
y	x	

so wäre $F : \mathcal{R}^2 \to \mathcal{R}$ mit $F(R^{k_1}, R^{k_2}) = R^2$ eine "Demokratie-Abbildung", welche die Bedingung 4 verletzt.

Die fünfte und letzte Bedingung verhindert eine Diktatorenschaft. Sie lautet

Bedingung 5: Es gibt kein Individuum i mit der Eigenschaft, daß wenn für irgendein Paar $x, y \in \mathcal{A}$ die Präferenz xPy in R^{k_i} vorkommt, sie auch in jedem Bild $F(R^{k_1}, \ldots, R^{k_i}, \ldots, R^{k_n})$ vorkommt.

Ist die Bedingung 5 verletzt, so gibt es ein ausgezeichnetes Individuum, dessen Präferenzen stets in die Gruppenentscheidung übernommen werden, es sei denn, dieses Individuum ist in Bezug auf zwei Alternativen indifferent. Bei dem letzten Beispiel wird z.B. durch

$$F(R^{k_1}, R^{k_2}) = R^{k_1}$$

eine Abbildung $F : \mathcal{R}^2 \to \mathcal{R}$ definiert, die das Individuum 1 zum Diktator macht. Nach Arrow [3] gilt nun der folgende bemerkenswerte

Satz: Es gibt keine "Demokratie-Abbildung" $F : \mathcal{R}^n \to \mathcal{R}$, die den Bedingungen 1 bis 5 genügt.

Der Beweis läßt sich so führen, daß man zeigt, daß jede Abbildung $F : \mathcal{R}^n \to \mathcal{R}$ mit den Eigenschaften 1 bis 4 die Existenz eines Diktators impliziert, d.h. die Bedingung 5 verletzt.

Wir wollen den Beweis hier skizzieren. Dazu definieren wir: Eine Gruppe $V \subseteq \{1, \ldots, n\}$ von Individuen[2] heißt für eine Abbildung $F : \mathcal{R}^n \to \mathcal{R}$ bestimmend in Bezug auf ein Paar $(x, y) \in \mathcal{A} \times \mathcal{A}$, wenn für jedes Profil Folgendes gilt: Kommt xPy in allen R^{k_i} mit $i \in V$ in diesem Profil vor, so auch in dem F-Bild dieses Profiles. Bedingung 5 besagt dann, daß für die gesuchte "Demokratie-Abbildung" kein Individuum für jedes Paar $(x, y) \in \mathcal{A} \times \mathcal{A}$ bestimmend ist.

---

[2] V wird stillschweigend als nichtleer angenommen

Umgekehrt läßt sich aus den Bedingungen 2, 3 und 4 die sog. Pareto-Optimalität ableiten, welche Folgendes besagt: Die Menge $\{1, \ldots, n\}$ aller Individuen ist für jede "Demokratie-Abbildung" F in Bezug auf jedes Paar $(x, y) \in \mathcal{A} \times \mathcal{A}$ bestimmend. Zum Beweis dafür geben wir uns ein Paar $(x, y) \in \mathcal{A} \times \mathcal{A}$ vor derart, daß xPy in allen R^{k_i} für $i = 1, \ldots, n$ in dem Profil $(R^{k_1}, \ldots, R^{k_n})$ vorkommt. Zu zeigen ist, daß xPy auch in dem Bild $F(R^{k_1}, \ldots, R^{k_n})$ vorkommt. Nach Bedingung 4 gibt es ein Profil $(R^{j_1}, \ldots, R^{j_n}) \in \mathcal{R}^n$ derart, daß xPy in $F(R^{j_1}, \ldots, r^{j_n})$ vorkommt. Nach Bedingung 2 läßt sich nun x in $(R^{j_1}, \ldots, R^{j_n})$ so aufwerten, daß xPy in jedem R^{j_i}, $i = 1, \ldots, n$, vorkommt, ohne daß sich das Vorkommen von xPy in dem F-Bild des dabei entstehenden Profils ändert. Die Anwendung von Bedingung 3 auf $\mathcal{A}_1 = \{x, y\}$, dieses Profil und das Profil $(R^{k_1}, \ldots, R^{k_2})$ ergibt dann, daß xPy auch in $F(R^{k_1}, \ldots, R^{k_n})$ vorkommt.

Hierbei wurde eigentlich nur eine Folgerung aus Bedingung 3 benutzt, nämlich: Stimmen in zwei Profilen die Präferenzen oder Indifferenzen für zwei Alternativen $x, y \in \mathcal{A}$ bei allen Individuen überein, so sind auch in den F-Bildern dieser beiden Profile die Präferenzen oder Indifferenzen zwischen x und y dieselben.

Auf ähnliche Weise wie die Pareto-Optimalität beweist man auch die folgende Aussage: Eine Gruppe $V \subseteq \{1, \ldots, n\}$ von Individuen ist genau dann für eine "Demokratie-Abbildung" $F : \mathcal{R}^n \to \mathcal{R}$ in Bezug auf ein Paar $(x, y) \in \mathcal{A} \times \mathcal{A}$ bestimmend, wenn die zugehörige Bedingung für mindestens ein Profil erfüllt ist.

Der Beweis des Arrow'schen Satzes verläuft nun wie folgt: Auf Grund der Pareto-Optimalität ist die Menge der Gruppen von Individuen, die für eine vorgegebene "Demokratie-Abbildung" $F : \mathcal{R}^n \to \mathcal{R}$ in Bezug auf irgendein Paar von Alternativen bestimmend ist, nichtleer; denn die Gruppe aller Individuen hat diese Eigenschaft. Damit gibt es auch eine kleinste Gruppe $V \subseteq \{1, \ldots, n\}$, die in Bezug auf irgendein Paar, etwa $(x, y) \in \mathcal{A} \times \mathcal{A}$, bestimmend ist und keine echt kleinere Gruppe mit dieser Eigenschaft enthält. Sei $j \in V$ irgendein ausgezeichnetes Individuum, und U sei das Komplement zu V in $\{1, \ldots, n\}$. Sei $z \in \mathcal{A}$ irgendeine Alternative mit $z \neq x$ und $z \neq y$, die es nach Annahme gibt. Dann betrachten wir die Profile der Form

$$
\begin{array}{ccc}
R^j & R^W & R^U \\
\hline
x & z & y \\
y & x & z \\
z & y & x \\
\vdots & \vdots & \vdots
\end{array}
$$

mit $V = W \cup \{j\}$. Wäre zPy in $F(R^j, R^W, R^U)$, so wäre auf Grund der obigen Bemerkung W in Bezug auf (z, y) bestimmend und könnte wegen der Minimalität von V nicht nichtleer sein. Ist W jedoch nichtleer, so ist notwendig yPz oder yIz in $F(R^j, R^w, R^u)$, was impliziert, da xPz in $F(R^j, R^W, R^U)$ vorkommt (da das für xPy zutrifft). Damit ist aber $\{j\}$ auf Grund der obigen Bemerkung in Bezug auf (x, z) bestimmend, was $V = \{j\}$ und $W = $ leere Menge impliziert. Daraus ergibt sich weiter, daß $\{j\}$ in Bezug auf jedes Paar (x, z), $z \in \mathcal{A}$, $z \neq x$ bestimmend ist. Nun sei $w \in \mathcal{A}$ mit $w \neq x$ beliebig vorzugeben.

Dann betrachten wir Profile der Form

$$
\begin{array}{c|c}
R^j & R^U \\
\hline
w & z \\
x & w \\
z & x \\
\vdots & \vdots
\end{array}
$$

Auf Grund der Pareto-Optimalität gehört wPx zu $F(R^j, R^U)$ und, da $\{j\}$ in Bezug auf jedes Paar (x, z), $z \in \mathcal{A}$, $z \neq x$ bestimmend ist, gehört auch xPz und damit wPz zu $F(R^j, R^U)$, sofern $z \neq w$ ist. Damit ist $\{j\}$ in Bezug auf jedes Paar $(w, z) \in \mathcal{A} \times \mathcal{A}$ mit $z \neq x$ bestimmend. Um zu zeigen, daß das auch in Bezug auf jedes Paar $(w, x) \in \mathcal{A} \times \mathcal{A}$ zutrifft, betrachten wir Profile der Form

$$
\begin{array}{c|c}
R^j & R^U \\
\hline
w & z \\
z & x \\
x & w \\
\vdots & \vdots
\end{array}
$$

Da $\{j\}$ für das Paar (w, z) bestimmend ist, gehört wPz zu $F(R^j, R^U)$, und auf Grund der Pareto-Optimalität gehört zPx und damit auch wPx zu $F(R^j, R^U)$. Damit ist $\{j\}$ auch in Bezug auf jedes Paar $(w, x) \in \mathcal{A} \times \mathcal{A}$ bestimmend und zusammenfassend in Bezug auf jedes Paar $(w, z) \in \mathcal{A} \times \mathcal{A}$. Das aber widerspricht der Bedingung 5 und beweist, daß es keine "Demokratie-Abbildung" $F : \mathcal{R}^n \to \mathcal{R}$ geben kann, die allen Bedingungen 1 bis 5 genügt.

Dieses negative Ergebnis hat zu einer Fülle weiterer Diskussionen Anlaß gegeben, auf die hier aber nicht weiter eingegangen werden soll. Hierzu verweisen wir auf das bereits zitierte Buch [3] von Luce und Raiffa.

3.4   Ein Zwei-Personen-Nullsummen-Spiel

Wir kehren noch einmal zu dem Entscheidungsmodell in Abschnitt (3.1) zurück. Hier waren Entscheidungen bei gewissen Zuständen zu treffen, über deren Auftreten der Entscheidungsträger bei der Entscheidung im ungünstigsten Fall nichts wußte, mit denen er aber keinen Interessenskonflikt hatte. Die Zustände waren sozusagen dem Entscheidungsträger gegenüber neutral und nur nicht genügend bekannt.

Ganz anders verhält es sich nun in einer Spielsituation oder in einem Interessenskonflikt. Hier tritt an die Stelle der unbekannten Zustände ein Gegenspieler oder Kontrahent, der ebenfalls Entscheidungen trifft und dabei auf seinen Vorteil bedacht ist. Die mathematische Formulierung dieser Situation ist zwar einerseits ähnlich derjenigen bei einem Entscheidungsmodell, unterscheidet sich aber andererseits in einem Punkt grundlegend von dieser: Die Unsymmetrie des Entscheidungsmodells wird durch eine Symmetrie ersetzt. Man geht aus von zwei Spielern S_1 bzw. S_2, die je eine endliche Menge von Strategien

$(A_1, \dots, A_m)$ bzw. $(B_1, \dots, B_n)$ zur Verfügung haben. Entscheidet sich S_1 für A_i und S_2 für B_j, so kommt es zu einem Ergebnis a_{ij}, welches für jeden der beiden Spieler einen gewissen Nutzen oder Schaden bringt. Abweichend von dem Entscheidungsmodell sind aber jetzt zwei Bewertungsskalen der Ergebnisse möglich, eine für S_1 und eine für S_2. Dem Spiel liegen nun folgende Annahmen zugrunde:

1) Jeder Spieler kennt alle Strategien $A_1, \dots, A_m, B_1, \dots, B_n$, und sämtliche Ergebnisse a_{ij}, $i = 1, \dots, m$, $j = 1, \dots, n$.

2) Jeder Spieler hat eine Präferenz-Ordnung bezüglich der Ergebnisse a_{ij}, bei der je zwei Ergebnisse vergleichbar sind und die auch transitiv ist.

3) Jeder Spieler kennt die Präferenz-Ordnung seines Kontrahenten.

Es ist klar, daß diese Annahmen sehr einschränkend sind. Es ist aber auch klar, wie sie abgeschwächt werden können, wobei man allerdings dann bei dem Versuch, eine aussage-kräftige Theorie zu entwickeln, rasch auf Schwierigkeiten stößt.

Die Grundfrage ist, wie sich die beiden Spieler "rational" verhalten sollen und wie "rationales Verhalten" überhaupt definiert werden kann. Das hängt nun sehr von ihren Präferenz-Ordnungen bezüglich der Ergebnisse a_{ij} ab. Haben beide Spieler dieselbe Präferenz-Ordnung, so liegt kein Interessenskonflikt vor, und es ist klar, wie sich beide rational verhalten werden: Sie werden ein Strategienpaar (A_i, B_j) wählen, welches ihnen gemeinsamen maximalen Nutzen garantiert.

Das genaue Gegenteil wäre ein striktes Wettbewerbsspiel, bei dem die Präferenz-Ordnungen der beiden Spieler genau entgegengesetzt sind, d.h. der Nutzen des einen wäre der Schaden des anderen. Wären die Ergebnisse a_{ij} durch Zahlen ausdrückbar, so könnte man sagen: a_{ij} ist eine Auszahlung von Spieler S_2 an Spieler S_1, wenn die Strategien B_j bzw. A_i gewählt werden, wobei die Auszahlung auch negativ sein kann. Hieraus leitet sich die Bezeichnung "Nullsummen-Spiel" ab.

Diese Situation, die in zahlreichen Gesellschaftsspielen auftritt, wollen wir für das Folgende annehmen. Aus ihr ergibt sich als rationales Verhalten für den Spieler S_1, seine Strategie so zu wählen, daß er dabei möglichst viel von Spieler S_2 gewinnt, und S_2 wird sich so verhalten, daß er möglichst wenig verliert. In einer ersten Analyse könnte sich jeder der beiden Spieler überlegen, wie sein Opponent auf die Wahl einer Strategie hin optimal reagieren könnte. Wählt z.B. S_1 die Strategie A_i, so wäre für S_2 eine Strategie B_{j_i} mit

$$a_{ij_i} = \min_j a_{ij}$$

optimal, denn sie würde ihm den geringsten Verlust bescheren. Wählt umgekehrt S_2 die Strategie B_j, so wäre für S_1 eine Strategie A_{i_j} mit

$$a_{i_j j} = \max_i a_{ij}$$

optimal, weil sie ihm den größten Gewinn liefert. Da nun aber beiden Spielern die Strategie des Opponenten nicht bekannt ist, müssen sie versuchen, aus dieser Situation das Beste zu machen. Rationales Verhalten im Sinne der Vorsicht wird dann den Spieler S_1 dazu bringen, seine Strategie $A_{\hat{i}}$ so zu wählen, daß

$$a_{\hat{i}j_{\hat{i}}} = \max_i(\min_j a_{ij}) \tag{3.2}$$

ist, denn dieser Gewinn ist ihm garantiert. Dieser Wahl entspricht genau die Max-Min-Nutzen-Strategie im Entscheidungsmodell . Analog wird der Spieler S_2 dazu bewogen, seine Strategie $B_{\hat{j}}$ so zu wählen, daß

$$a_{i_{\hat{j}}\hat{j}} = \min_j a_{i_{\hat{j}}j} = \min_j(\max_i a_{ij}) \tag{3.3}$$

ist; denn dieser Verlust ist ihm garantiert.

Aus (3.2) und (3.3) ergibt sich

$$a_{\hat{i}j_{\hat{i}}} = \min_j a_{\hat{i}j} \leq a_{\hat{i}\hat{j}} \tag{3.4}$$

und

$$a_{i_{\hat{j}}\hat{j}} = \max_i a_{i\hat{j}} \geq a_{\hat{i}\hat{j}} , \tag{3.5}$$

mithin

$$a_{\hat{i}j_{\hat{i}}} \leq a_{\hat{i}\hat{j}} \leq a_{i_{\hat{j}}\hat{j}} . \tag{3.6}$$

Diese Ungleichung zeigt, daß Spieler S_1 bzw. S_2 durch Wahl einer optimalen Strategie $\hat{i}$ bzw. $\hat{j}$ mit (3.2) bzw. (3.3) gegenüber dem garantierten Gewinn bzw. Verlust höchstens verbessern kann, wenn beide Spieler auch eine optimale Strategie wählen. Wäre nun $a_{\hat{i}j_{\hat{i}}} < a_{i_{\hat{j}}\hat{j}}$, so wäre mindestens eines der beiden Ungleichheitszeichen in (3.6) echt. Nehmen wir an, es sei $a_{\hat{i}\hat{j}} < a_{i_{\hat{j}}\hat{j}}$. Dann könnte sich Spieler S_1 durch Wahl von $A_{i_{\hat{j}}}$ anstelle von $A_{\hat{i}}$ noch weiter verbessern, vorausgesetzt, Spieler S_2 bliebe bei seiner Strategie $B_{\hat{j}}$. Das könnte aber dadurch in Frage gestellt sein, daß auch $a_{\hat{i}j_{\hat{i}}} < a_{\hat{i}\hat{j}}$ ist und S_2 sich durch Wahl von $B_{j_{\hat{i}}}$ anstelle von $B_{\hat{j}}$ ebenfalls verbessern könnte, vorausgesetzt, S_1 bliebe bei seiner Strategie $A_{\hat{i}}$.

In der Situation $a_{\hat{i}j_{\hat{i}}} < a_{i_{\hat{j}}\hat{j}}$ gibt es also für mindestens einen Spieler einen Anreiz, von seiner optimalen Strategie abzuweichen, vorausgesetzt allerdings, daß sein Opponent bei seiner optimalen Strategie bleibt. Überdies kann kein Spieler im Falle $a_{\hat{i}j_{\hat{i}}} < a_{\hat{i}\hat{j}} < a_{i_{\hat{j}}\hat{j}}$ sicher sein, daß sein Gegner bei seiner optimalen Strategie bleibt. Wählen jedoch S_1 und S_2 anstelle von $A_{\hat{i}}$ bzw. $B_{\hat{j}}$ die Strategie $A_{i_{\hat{j}}}$ bzw. $B_{j_{\hat{i}}}$, so ist nicht klar, in welcher Größenrelation das Ergebnis $a_{i_{\hat{j}}j_{\hat{i}}}$ zu $a_{\hat{i}\hat{j}}$ steht.

Diese Unsicherheit kann nicht auftreten, wenn $a_{\hat{i}j_{\hat{i}}} = a_{i_{\hat{j}}\hat{j}}$ ist. Dann ergibt sich aus den Beziehungen (3.4), (3.5)

$$a_{i\hat{j}} \leq a_{\hat{i}\hat{j}} \leq a_{\hat{i}j} \quad \text{für alle} \quad i \quad \text{und} \quad j . \tag{3.7}$$

Haben umgekehrt Spieler S_1 bzw. S_2 eine Strategie $A_{\hat{i}}$ bzw. $B_{\hat{j}}$ gewählt derart, daß (3.6) erfüllt ist, so läßt sich zeigen, daß auch

$$\max_i(\min_j a_{ij}) = a_{\hat{i}\hat{j}} = \min_j(\max_i a_{ij})$$

gilt.

Auf Grund der Beziehung (3.7) nennt man das Strategienpaar $(A_{\hat{i}}, B_{\hat{j}})$ auch einen Sattelpunkt des Spieles. Weicht einer der beiden Spieler von seiner Strategie in diesem Paar ab, so kann er sich auf Grund von (3.7) höchstens verschlechtern, wenn sein Kontrahent seine Strategie beibehält. Die Wahl der Strategien nach (3.2) bzw. (3.3) sichert auch, daß $a_{\hat{i}\hat{j}}$ der für S_1 garantierte Gewinn und für S_2 garantierte Verlust ist. Unter der Annahme der Gleichheit in (3.6) führt also rationales Verhalten der beiden Spieler im oben beschriebenen Sinne zu einer Art Gleichgewichtssituation, die durch eine Sattelpunktsstrategie $(A_{\hat{i}}, B_{\hat{j}})$ mit (3.7) ausgedrückt wird. Man nennt so ein Spiel daher auch ein Sattelpunktsspiel .

Als die Spieltheorie von J. von Neumann [4] entwickelt wurde, dachte er in erster Linie an Gesellschaftsspiele, die jedoch in den meisten Fällen keine Sattelpunktsspiele sind. Das hat ihn auf den Begriff der gemischten Strategien geführt, auf den noch eingegangen werden soll.

Nach dem zweiten Weltkrieg kam sehr bald die Idee auf, militärische Konfliktsituationen als Zwei-Personen-Nullsummen-Spiele zu modellieren. So untersucht z.B. Haywood in [1] zwei Situationen aus dem zweiten Weltkrieg unter diesem Aspekt. Die erste betrifft den Kampf der Amerikaner und Japaner um Neu-Guinea. Die Japaner beabsichtigten, mit einem Truppen- und Nachschubkonvoi von Rabaul an der Ostspitze der Insel Neu-England nach Lae auf Neu-Guinea, dem Westteil von Neu-England gelegen, Unterstützung zu bringen. Sie hatten dabei die Möglichkeit, die Insel Neu-England im Norden oder im Süden zu umfahren. Im Norden herrschte schlechtes Wetter mit schlechter Sicht, und im Süden herrschte gutes Wetter mit guter Sicht. Für beide Routen würden die Japaner drei Tage benötigen. Der amerikanische General Kenney hatte die Möglichkeit, seine Luftaufklärung auf die Nord- oder die Südroute zu konzentrieren. Nach Sichtung der Japaner konnte ein Bombardement des Konvoi unmittelbar beginnen. Das Ziel der Japaner bestand natürlich darin, die Dauer des Bombardements möglichst klein zu halten, und das der Amerikaner, sie möglichst groß zu machen. Die Strategien und Ergebnisse sind in dem folgenden Schema wiedergegeben:

| | | Japanische Strategien | |
		Nordroute	Südroute
Amerikanische	Nordroute	2	2
Strategien	Südroute	1	3
		Tage Bombardement	

Es ist leicht zu sehen, daß das Strategienpaar (Nordroute, Nordroute) ein Sattelpunkt ist. Dieses wurde auch tatsächlich von den beiden Kontrahenten realisiert.

Die zweite militärische Situation, die in [1] realisiert wurde, betrifft den Kriegsschauplatz in der Normandie nach der Invasion. Hier standen sich die neunte deutsche Armee unter General von Kluge und eine britische Armee zusammen mit der ersten amerikanischen Armee unter General Bradley gegenüber. General von Kluge hatte zwei Optionen:

a) Er konnte in eine Lücke der feindlichen Front hineinstoßen und die Amerikaner südlich der Lücke abschneiden.

b) Er konnte sich nach Osten in eine besser zu verteidigende Position zurückziehen.

General Bradley hatte drei Optionen:

1) Er konnte seine Reserve im Süden zur Verteidigung der Lücke zurückbeordern.

2) Er konnte seine Reserve im Süden nach Osten beordern, um eine sich eventuell zurückziehende deutsche Armee zu verfolgen.

3) Er konnte seine Reserve im Süden für einen Tag dort belassen, um im Falle einer erfolgreichen Verteidigung der Lücke die deutsche Armee zu umzingeln oder nach einem Tag zur Verstärkung zu holen.

Diese dritte Möglichkeit läßt sich nicht eindeutig bewerten, da sie eine Alternative enthält. Überhaupt ist es nicht möglich, die sechs Kombinationen der Optionen zahlenmäßig zu bewerten. Stattdessen werden in [1] mögliche Ergebnisse als Folge der Wahl von Optionspaaren angenommen und gemäß folgender Matrix-Tabelle zusammengestellt:

	a)	b)
1)	Lücke hält (a_{11})	Schwacher Druck auf deutsche Armee (a_{12})
2)	Lücke wird durchbrochen (a_{21})	Starker Druck auf deutsche Armee (a_{22})
3)	Lücke hält evtl. und deutsche Armee wird umzingelt (a_{31})	Mäßiger Druck auf deutsche Armee (a_{32})

Auf Grund dieses Schemas wird General Bradley als Gewinn- und General von Kluge als Verlustspieler angesehen. Die Wahl einer Präferenzordnung für die Ergebnisse ist hier sicher umstritten. Akzeptiert man aber die folgende Ordnung (aus der Sicht von General Bradley)

$$a_{21} < a_{11} < a_{12} < a_{32} < a_{22} \approx a_{31} ,$$

so ergibt sich

$$a_{1j_1} = a_{11}\,, \quad a_{2j_2} = a_{21}\,, \quad a_{3j_3} = a_{32}$$

und

$$a_{ij_i} = a_{32} = \text{mäßiger Druck auf deutsche Armee.}$$

Für General von Kluge ergibt sich

$$a_{i_1 1} = a_{31} \quad \text{und} \quad a_{i_2 2} = a_{22}\,,$$

mithin

$$a_{i_j j} \;=\; a_{22} = \text{starker Druck auf deutsche Armee}$$
$$\approx\; a_{31} = \text{Lücke hält evtl., und deutsche Armee wird umzingelt.}$$

Das "Spiel" der beiden Generäle ist also kein Sattelpunktsspiel ; denn es ist $a_{32} < a_{22} \approx a_{31}$. Für General von Kluge ist jede der beiden Strategien $a)$ und $b)$ optimal. Wählt er $b)$, und wählt General Bradley seine optimale Strategie 3), so kommt es zu einem mäßigen Druck auf die deutsche Armee. Wählt General von Kluge $a)$ und General Bradley seine optimale Strategie 3), so hält die Lücke eventuell, und die deutsche Armee wird umzingelt. In diesem Fall hat sich also das Ergebnis für General Bradley gegenüber seinem garantierten Gewinn a_{32} verbessert. General Bradley hat sich tatsächlich für seine dritte Strategie entschieden, und General von Kluge entschied sich für die Strategie $b)$, d.h. für den Rückzug. Er bekam jedoch von Hitler den Befehl zum Angriff, und das Ergebnis a_{31} trat ein: Die Lücke hielt am ersten Tag ohne Verstärkung, und vier Reservedivisionen kamen den Amerikanern und Engländern am zweiten Tag zur Hilfe. Mittlerweile begannen die Deutschen den Rückzug und wurden von den amerikanischen und britischen Streitkräften fast umzingelt. Nach Befreiung der Überreste seiner Armee aus dem Kessel beging General von Kluge Selbstmord.

Die Tatsache, daß nicht jedes Zwei-Personen-Nullsummen-Spiel ein optimales Strategienpaar besitzt, welches einen Sattelpunkt definiert, hat John von Neumann dazu geführt, sog. "gemischte Strategien" einzuführen. Für den Spieler S_1 z.B. besteht so eine gemischte Strategie aus einem m-Tupel $(x_1 A_1, \ldots, x_m A_m)$, wobei $x_1, \ldots, x_m$ nicht-negative Zahlen sind mit $x_1 + \ldots + x_m = 1$, welche als Wahrscheinlichkeiten gedeutet werden. Zum Beispiel bedeutet $x_i A_i$, daß die Strategie A_i mit der Wahrscheinlichkeit x_i gewählt wird. Die Strategien A_i, $i = 1, \ldots, m$, sind als sog. "reine Strategien" in der Menge der gemischten Strategien enthalten. Um z.B. A_i zu realisieren, braucht man nur für $k \neq i$ die Wahrscheinlichkeit $x_k = 0$ und für $k = i$ die Wahrscheinlichkeit $x_i = 1$ zu wählen. Eine Bewertung der Ergebnisse beim Spiel mit gemischten Strategien ist dann nur möglich, wenn die Ergebnisse a_{ij} beim Spiel mit reinen Strategien Zahlen sind, die das ausdrücken, was der Spieler S_2 an S_1 zu zahlen hat, wenn er die Strategie B_j und dieser die Strategie A_i wählt. Spielt nun S_1 eine gemischte Strategie $(x_1 A_1, \ldots, x_m A_m)$ und S_2 eine gemischte Strategie $(y_1 B_1, \ldots, y_n B_n)$, so ist es sinnvoll, als Auszahlung von S_2 an S_1 den Wert $\sum_{i,j} a_{ij} x_i y_i$ zugrundezulegen, weil dieser wahrscheinlichkeitstheoretisch einen Erwartungswert darstellt.

Ein berühmtes Ergebnis von John von Neumann in [4] ist nun der Satz, daß jedes Zwei-Personen-Nullsummen-Spiel mit gemischten Strategien ein optimales Strategienpaar besitzt, welches für die Auszahlungsfunktion

$$a(x,y) = \sum_{i,j} a_{ij}\, x_i\, y_j \, ,$$

$x = (x_1, \ldots, x_m)$, $y = (y_1, \ldots, y_m)$, $x_i \geq 0$, $y_j \geq 0$ für alle i, j und $x_1 + \ldots + x_m = y_1 + \ldots + y_n = 1$, einen Sattelpunkt definiert.

Damit ist mathematisch optimales Verhalten in Zwei-Personen-Nullsummen-Spielen mit gemischten Strategien befriedigend geklärt, umso mehr, als es auch Methoden gibt, optimale gemischte Strategien zu berechnen. Es erhebt sich aber die Frage, wie man sie praktisch realisiert. Wird das Spiel wiederholt gespielt, so könnte man die x_i bzw. y_j als relative Häufigkeiten realisieren, mit denen die Strategien A_i bzw. B_j gewählt werden. Bei einmaligem Spiel müßte man Zufallsmechanismen über die Wahl der gemischten Strategien entscheiden lassen. Das ist praktisch kaum möglich, denn z.B. für den Spieler S_1 müßte man für die Wahl der gemischten Strategie $(x_1\, A_1, \ldots, x_m\, A_m)$ einen Mechanismus konstruieren mit m Ausgängen, von denen der i-te die Wahrscheinlichkeit x_i hat. Praktisch wird man daher solche Zufallsmechanismen nicht einsetzen. Trotzdem kann bei einem Spiel mit reinen Strategien, welches keinen Sattelpunkt besitzt, die Wahl einer gemischten Strategie, mit der ein Spieler von einer optimalen reinen Strategie abweicht, als Verschleierungseffekt sinnvoll sein. Nur läßt sich eine solche Verhaltensweise mathematisch nicht erfassen, weil sie nicht mehr allein rational beschreibbar ist.

3.5   Spiele mit unvollständiger Information

Die im vorigen Abschnitt beschriebenen Zwei-Personen-Nullsummmen-Spiele sind Spiele mit vollständiger Information , bei denen jeder Spieler eine volle Übersicht über seine eigenen Handlungsmöglichkeiten und die seines Gegenspielers besitzt und auch alle Konsequenzen überblickt, die sich aus der Wahl dieser Handlungsmöglichkeiten ergeben. Er kann sich rational vollkommen darauf einstellen, wenn er die Möglichkeiten seines Gegners in seine Überlegungen miteinbezieht. Das setzt allerdings voraus, daß der Gegner sich ebenfalls vollkommen rational verhält. Bei solchen Spielen kommt es dann zu einem für beide Seiten befriedigenden Ergebnis, wenn optimale Strategienpaare existieren, bei denen ein Spieler sich höchstens verschlechtert, wenn er von seiner Strategie abweicht, sofern sein Gegner an seiner Strategie festhält (vgl. dazu auch Abschnitt 1.2). Hieran erkennt man ebenfalls wieder, daß Optimalität vollkommene beidseitige Rationalität voraussetzt. Läßt ein Spiel keine optimalen Strategienpaare zu, so kann man sich, wie wir am Ende des vorigen Abschnitts gesehen haben, mit sog. gemischten Strategien behelfen, die aber keine überzeugende Lösung des Problems der Herbeiführung optimaler Strategienpaare darstellen.

Die Annahme der vollständigen Information ist in der Realität in den wenigsten Fällen bei einer Konfliktsituation erfüllt. Oft verfügt ein Spieler über Information, zu der sein Gegner keinen Zugang besitzt und die er daher nicht in seine Überlegungen einbeziehen kann. Die Frage ist nun, wie der Spieler mit der für seinen Gegner unzugänglichen Information umgeht. Das hängt natürlich von der Reaktion des Gegners ab, wenn ihm diese Information offenbart wird.

Ein Beispiel für eine solche Situation wird in dem Buch [2] von O. Keck ausführlich diskutiert. Es handelt sich dabei um asymmetrische Information bei der staatlichen Subvention neuer Technologien. Zu dem Zweck stelle man sich vor, die Regierung eines Landes sei zu der Auffassung gelangt, es läge im Interesse des Landes, eine bestimmte Technik (z.B. zur Energiegewinnung) zu entwickeln. Sie plant daher ein staatlich finanziertes Entwicklungsprogramm und fordert die einheimischen Herstellerfirmen auf, Vorschläge zu machen für Entwicklungsprojekte, die im Rahmen dieses Programms finanziert werden könnten. Nehmen wir nun an, alle Firmen seien davon überzeugt, daß sich die Regierung über den Nutzen der neuen Technik irrt. Zum Beispiel erwarte die Regierung, daß ein neuer Reaktortyp viel billiger Strom produzieren werde als die bisher in Gebrauch befindlichen Reaktortypen, so daß sich die staatlichen Entwicklungsausgaben durch spätere Einsparungen bei der Stromerzeugung bald amortisieren würden. Die Firmen dagegen seien davon überzeugt, daß dieser Reaktortyp höhere Stromerzeugungskosten haben werde als die gegenwärtig in Gebrauch befindlichen Reaktortypen und auch sonst keine volkswirtschaftlichen Vorteile bieten werde. Was werden die Firmen tun, wenn sie vom Staat die Aufforderung erhalten, Vorschläge für Teilprojekte innerhalb des Entwicklungsprogramms einzureichen?

In einer solchen Situation stehen der einzelnen Firma zwei Handlungsmöglichkeiten offen: Entweder sie versucht, ein möglichst großes Teilprojekt innerhalb des Entwicklungsprogramms zu akquirieren, oder sie teilt dem Ministerium mit, daß ihrer Auffassung nach die neue Technik keinen wirtschaftlichen Nutzen für das Land haben wird. Wenn sie innerhalb des staatlich finanzierten Entwicklungsprogramms ein Teilprojekt durchführt, dann macht sie einen Gewinn, selbst wenn die entwickelte Technik später nie kommerziell verwendet werden sollte. Wenn sie aber dem Staat mitteilt, daß ihrer Auffassung nach die neue Technik keinen Nutzen für das Land haben wird, und der Staat das geplante Entwicklungsprogramm nicht durchführt, dann macht sie keinen Gewinn. Entsprechend den Grundannahmen der Wirtschaftstheorie verhalten sich Firmen egoistisch und rational: Egoistisch heißt, daß sie sich nur an ihrem eigenen Nutzen orientieren, und rational heißt, daß sie sich für die Handlungsalternative entscheiden, die den größten Nutzen bringt. Entscheidungskriterium der Firma ist nicht der Nutzen des subventionierten Projektes für den Subventionsgeber, sondern der Nutzen des Projekts für sie selbst. Also entscheidet sich die Firma dafür, möglichst viele Projekte innerhalb des Entwicklungsprogramms zu akquirieren und ihre Auffassung über die Nutzlosigkeit der neuen Technik für sich zu behalten.

Aber ist diese Entscheidung nicht kurzsichtig? Eine Firma hat normalerweise eine andauernde Beziehung zum Staat, hier vertreten durch ein bestimmtes Ministerium. Wenn sie dieses darüber informiert, daß ihrer Auffassung nach das ganze Entwicklungsprogramm keinen Nutzen für das Land haben wird, wird sie sich zwar um den Gewinn bringen, aber möglicherweise würde das Ministerium in dem Verhalten der Firma eine Bezeugung von gutem Willen sehen und sie bei Gelegenheit dafür belohnen.

Im einfachsten Fall liegt zunächst eine Situation vor, die durch folgende Graphik ausgedrückt wird:

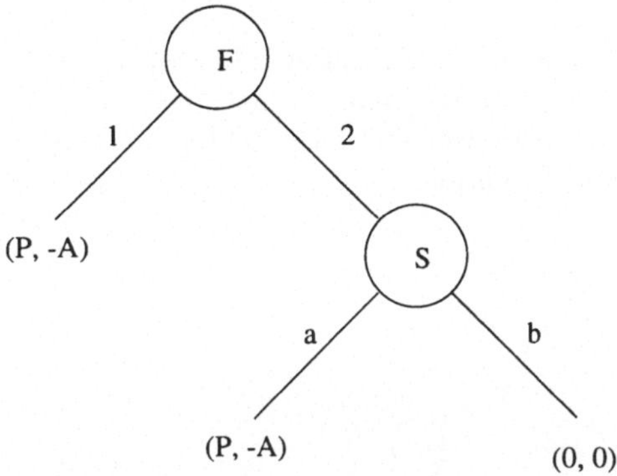

Der Buchstabe F symbolisiert die Firma, die als erste am Zuge ist. Sie hat die beiden Züge 1 und 2, wobei 1 bedeutet, ihre Information für sich zu behalten und dabei einen Gewinn $P > 0$ zu machen. Der Staat S investiere dann $A > 0$, mache also einen Gewinn $-A$. Der Zug 2 bedeutet, daß die Firma den Staat informiert. Dann kann dieser sich für den Zug a entscheiden und A investieren, wobei wiederum die Firma den Gewinn P und der Staat den Gewinn $-A$ macht. Entscheidet sich S jedoch für den Zug b, so läßt er die Subventionierung fallen, macht den Gewinn 0, und die Firma macht ebenfalls den Gewinn 0. Bei egoistisch rationalem Verhalten wird sich die Firma für den Zug 1 entscheiden. Es kommt eigentlich gar kein Spiel zustande. Angemerkt sei noch, daß in diesem Fall $A > P > 0$ eine realistische Annahme ist.

Nimmt man nun an, daß der Staat bereit sei, Ehrlichkeit der Firma zu honorieren, und zwar durch eine Kompensationszahlung $K > 0$, so ergibt sich für S noch der Zug c im folgenden Diagramm:

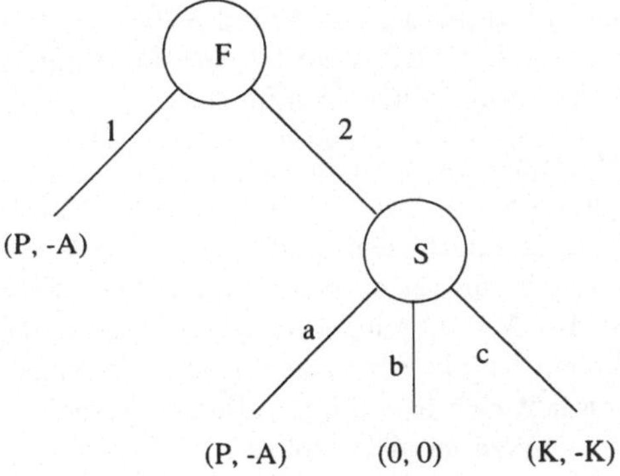

Damit für S ein Anreiz besteht, sich für c zu entscheiden, und für F ein Anreiz, 2 zu wählen, muß offenbar die Bedingung $A > K > P > 0$ erfüllt sein. Entscheidet sich S in dieser Situation ebenfalls egoistisch und rational, so wird er b wählen, wenn F sich für 2 entschieden hat. Das Strategienpaar $(2, c)$ ist also in rationaler Sicht nicht optimal in dem Sinne, daß für jeden Spieler ein Abweichen davon notwendig eine Verschlechterung bedeutet.

Bringt man in dieses Spiel noch den volkswirtschaftlichen Nutzen N mit ein, den eine Investition des Staates bringen würde, und den Gewinn V, den eine Investition des Staates für die Firma zusätzlich brächte (wobei V auch negativ sein kann, ebenso wie N), so ergibt sich graphisch die folgende Situation:

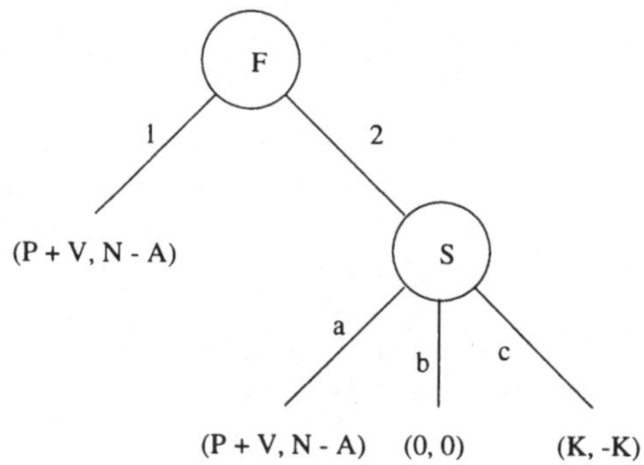

Nimmt man an, es sei aus der Sicht des Staates $N - A > 0$, und die Firma teile diese Ansicht, so ist bei rationalem Verhalten von F und S das Strategienpaar $(2, a)$ optimal, falls gilt $P + V > K$. Ist $P + V \leq K$, so wird F sich für 1 entscheiden. In diesem Fall besteht aber auch gar keine Veranlassung, sich für 2 zu entscheiden.

Ein Dilemma besteht immer dann, wenn aus der Sicht des Staates $N - A > 0$ ist, aus der Sicht der Firma hingegen $N - A \leq 0$. Damit für die Firma überhaupt ein Anreiz vorhanden wäre, sich für 2 zu entscheiden, müßte $K > P + V > 0$ sein. Damit für den Staat ein Anreiz bestünde, sich für c zu entscheiden, müßte im Falle $N - A \leq 0$ immerhin noch $N - A < -K$ oder $A - N > K$ sein. Aber selbst dann ist das Strategienpaar $(2, c)$ nicht optimal in dem Sinne, daß ein Abweichen davon höchstens zu einer Verschlechterung führt. Das Dilemma läßt sich also durch rationale Verhaltensweise im Sinne einer Nutzenmaximierung für beide Seiten nicht auflösen.

An dieser Situation ändert sich auch nichts, wenn man die Auszahlungen bei diesem Spiel nicht kardinal, d.h. in reellen Zahlen, mißt, sondern ordinal, indem man für jeden Spieler eine Rangfolge für die Auszahlungen vorgibt, die man z.B. mit den Ziffern $1, 2, 3$ numeriert ("1" bedeutet dabei den höchsten Rang). Man erhält dann das folgende Schema:

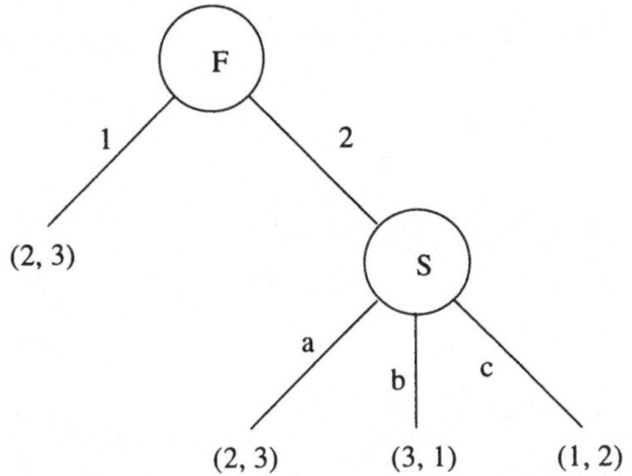

Wiederum erkennt man, daß das Strategienpaar $(2, c)$ nicht optimal ist; denn der Staat kann sich verbessern, wenn er anstelle von c sich für b entscheidet.

Das bisher beschriebene Spiel läßt sich selbst im Rahmen der Theorie der Spiele mit unvollständiger Information nicht beschreiben. Diese gehen nämlich davon aus, daß beide Spieler Wahrscheinlichkeitsannahmen bezüglich der Strategien des Gegners machen, die diesem auch bekannt sind. Im vorliegenden Spiel wird aber angenommen, daß die Firma dem Staat gegenüber ihre eigene Erfolgserwartung verbirgt. Für den Staat haben beide Spieler dieselbe Erfolgserwartung, für die Firma hingegen nicht. Der Staat ist sich nicht des Problems bewußt, daß die Firma einen Anreiz hat, ihm ihre Bewertung der wirtschaftlichen Aussichten der zu entwickelnden Technik vorzuenthalten. Das Spiel läuft eigentlich nur auf der Seite der Firma ab.

Literaturverzeichnis

[1] O.G. Haywood: Military Decision and Game Theory. Journal of the Operations Research Society of America, vol. 2 (1954), 365 - 385.

[2] O. Keck: Information, Macht und gesellschaftliche Rationalität. Das Dilemma rationalen kommunikativen Handelns am Beispiel eines internationalen Vergleiches der Kernenergiepolitik. Nomos-Verlag: Baden-Baden 1993.

[3] R.D. Luce and H. Raiffa: Games and Decisions. Wiley and Sons, Inc. New York 1957.

[4] J. von Neumann: Zur Theorie der Gesellschaftsspiele. Math. Annalen $\underline{100}$ (1928), 295 - 320.

4 Wachstumsmodelle

4.1 Populationsmodelle

Das historisch erste Modell zur Beschreibung des Wachstums einer Bevölkerung stammt von Thomas Maltus und wurde 1798 aufgestellt. Er geht von einer konstanten Geburtenrate γ und Sterberate δ pro Kopf der Bevölkerung und Zeiteinheit aus und nimmt an, daß sich die Bevölkerungszahl $p(t)$ innerhalb eines Zeitraumes Δt von t bis $t + \Delta t$ gemäß der Formel

$$p(t + \Delta t) = p(t) + \lambda\, p(t)\, \Delta t \tag{4.1}$$

mit

$$\lambda = \gamma - \delta$$

verändert. Für (4.1) kann man auch schreiben

$$\frac{p(t + \Delta t) - p(t)}{\Delta t} = \lambda\, p(t)$$

und erhält durch Grenzübergang $\Delta t \to 0$ die Differentialgleichung

$$\frac{dp}{dt}(t) = \lambda\, p(t)$$

mit der eindeutigen Lösung

$$p(t) = p_0\, e^{\lambda t} \, , \tag{4.2}$$

wenn man noch $p(0) = p_0$ vorgibt.

Hier könnte man den Einwand erheben, daß die Funktion $p = p(t)$ nur ganzzahlige Werte annehmen kann und daher nicht durch eine differenzierbare Funktion wiedergegeben werden kann. Bezogen auf die Individuen der Bevölkerung vollzieht sich das Wachstum (oder das Abnehmen) in der Tat sprunghaft. Diese Sprünge werden aber im Verhältnis zur Gesamtbevölkerung immer kleiner, je größer diese wird, so daß man das Wachstum der Gesamtbevölkerung durch eine stetig differenzierbare Funktion wird gut annähern können. Wie gut diese Annäherung tatsächlich ist, wird man von Fall zu Fall experimentell zu überprüfen haben. So läßt sich nach [1] beispielweise die Entwicklung der Erdbevölkerung von 1700 bis 1961 durch ein Exponentialgesetz der Form (4.2) sehr genau beschreiben, wenn man für λ den Wert 0.02 zugrundelegt. Als Zeitraum T für eine Verdopplung der Erdbevölkerung in der Zeit von t bis $t + T$ erhält man dann aus $p(t + T) = p_0\, e^{\lambda(T+t)} = 2p_0\, e^{\lambda t} \implies$

$$e^{\lambda T} = 2 \Leftrightarrow T = \frac{\ell n 2}{\lambda} \qquad (4.3)$$

ungefähr den Wert $T = 34.66$. Beobachtet wurde etwa $T = 35$ Jahre. Die Beziehung (4.3) für die Verdopplungszeit T gibt Anlaß, das Wachstum auch noch auf folgende Weise zu beschreiben:

Sei T die Zeit, in der sich die Bevölkerung verdoppelt, d.h. für die die Beziehung

$$p(t + T) = 2p(t)$$

oder für $t = 0$ die Beziehung

$$p(T) = 2p(0)$$

gilt, aus der sich mit $p(0) = p_0$ und

$$t_k = k \cdot T \quad \text{für} \quad k = 0, 1, 2, \ldots$$

die Gleichung

$$p(t_k) = 2^k\, p_0 = p_0\, e^{k\,\ell n\, 2} = p_0\, e^{\frac{\ell n 2}{T} t_k} \qquad (4.4)$$

ergibt.

Das kontinuierliche Wachstumsgesetz (4.2) ist also mit (4.4) im Einklang, wenn man

$$\lambda = \frac{\ell n\, 2}{T}$$

setzt, was auch mit (4.3) zusammenpaßt.

Das bisher behandelte Modell zur Beschreibung des Wachstums der Erdbevölkerung geht von einfachen Annahmen aus, die in erster Näherung plausibel erscheinen und in der Gleichung (4.1) ihren Niederschlag finden. Das daraus durch Grenzübergang gewonnene kontinuierliche Wachstumsgesetz (4.2) kann unter den getroffenen Annahmen für hinreichend große Bevölkerungen akzeptiert werden und ist auch mit der beobachteten Tatsache in Übereinklang, daß sich zwischen 1700 und 1961 die Erdbevölkerung etwa alle 35 Jahre verdoppelt hat.

Eine Extrapolation dieses Gesetzes in die Zukunft führt aber zu einem astronomischen Anwachsen der Erdbevölkerung, welches zu Katastrophen führen wird, die es verhindern. Die Konsequenzen eines weiteren exponentiellen Anwachsens der Erdbevölkerung entziehen sich sicher der Beschreibung im Rahmen eines mathematischen Modells. Aus dieser Sicht hat die Entwicklung mathematischer Modelle zu einer realistischeren Beschreibung des Wachstums der Erdbevölkerung eine zweitrangige Bedeutung. Sie stammen aber schon aus der Mitte des 19. Jahrhunderts, als das exponentielle Wachstum der Menschheit noch nicht als so bedrohlich angesehen werden mußte wie heute. Sie wurden von dem holländischen Biomathematiker Paul Verhulst primär wohl auch für biologische Vorgänge entworfen. Die Zielsetzung war dabei, ein Wachstumsgesetz zu finden, welches dazu führt, daß die Population mit wachsender Zeit einem Grenzwert zustrebt. Hierfür liegen verschiedene Versuche vor, deren Brauchbarkeit wieder nur anhand empirischer Daten nachzuweisen ist. Gesetze im Sinne physikalischer Naturgesetze gibt es hier nicht. Der erste Ansatz von Verhulst geht davon aus, daß die Geburten- bzw. Sterberate linear abnehmende bzw. zunehmende Funktionen $\gamma(t) = \gamma_0 - \gamma_1\, p(t)$ bzw. $\delta(t) = \delta_0 + \delta_1\, p(t)$ sind mit $\gamma_0 > \delta_0 > 0$, $\gamma_1 > 0$, $\delta_1 > 0$. Als Differentialgleichung für das Wachstum wird die Gleichung

$$\frac{dp}{dt}(t) = \gamma(t) - \delta(t) = k(a - p(t)) \tag{4.5}$$

zugrundegelegt, wobei

$$k = \gamma_1 + \delta_1 > 0 \quad \text{und} \quad a = \frac{\gamma_0 - \delta_0}{\gamma_1 + \delta_1} > 0$$

zu setzen ist. Mit der Anfangsvorgabe $p(0) = p_0$ lautet dann die Lösung von (4.5)

$$p(t) = a + (p_0 - a)\, e^{-kt} \,.$$

Offenbar gilt

$$\lim_{t \to 0} p(t) = a \,,$$

d.h., die obige Zielsetzung ist erfüllt. Anschaulich ergibt sich das folgende Bild:

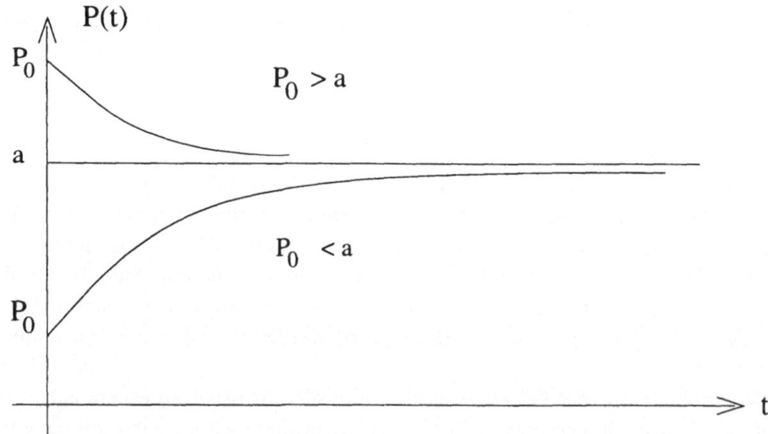

Aus den Bevölkerungszahlen der USA, welche in zehnjährigem Abstand für die Zeit von 1790 bis 1950 vorliegen (vgl. [1]), geht nun hervor, daß die Daten für diese Bevölkerungszahlen ziemlich genau auf einer S-förmigen Kurve liegen, die von unten einem Grenzwert zustrebt. Eine solche Situation liegt bei dem obigen Bild aber nicht vor.

Von Verhulst gibt es zwei theoretische Ansätze, die zu S-förmigen Wachstumskurven führen. Wir wollen nur einen davon vorführen und verweisen bezüglich des zweiten auf das Buch [2]. Bei dem erstgenannten Ansatz geht man von der Differentialgleichung

$$\frac{dp}{dt}(t) = a\,p(t) - b\,p(t)^2 \tag{4.6}$$

mit gewissen Konstanten $a > b$, $b > 0$ aus. An dieser erkennt man, daß für genügend kleine Bevölkerungszahlen $p(t)$, bei denen der Term $b\,p(t)^2$ wesentlich kleiner als $a\,p(t)$ angenommen und vernachlässigt wird, durch die Gleichung (4.6) exponentielles Wachstum beschrieben wird. Erst wenn $p(t)$ genügend angewachsen ist, kommt der Term $-b\,p(t)^2$ ins Spiel. Er ist natürlich hypothetisch und kann nicht aus einem gültigen Gesetz abgeleitet werden. Bei einem Erklärungsversuch geht man gewöhnlich davon aus, daß die Beeinträchtigung des Individuums durch das Wachstum der Population proportional zur Größe $p(t)$ ist und somit die Beeinträchtigung der gesamten Population durch ihr Gesamtwachstum proportional zu $p(t) \cdot p(t) = p(t)^2$. Im Grunde muß sich auch hier wieder das Wachstumsgesetz , welches aus (4.6) ableitbar ist, an empirischen Daten bewehren. Dieses ist nach der Methode der Trennung der Veränderlichen herleitbar (vgl. [1]) und lautet mit der Vorgabe $p(t_0) = p_0 > 0$ für ein $t_0 \geq 0$

$$p(t) = \frac{a\,p_0\,\exp[a(t - t_0)]}{a - b\,p_0 + b\,p_0\,\exp[a(t - t_0)]} = \frac{a\,p_0}{b\,p_0 + (a - b\,p_0)\,\exp[-a(t - t_0)]} \; . \tag{4.7}$$

Aus dieser Darstellung erkennt man

$$\lim_{t \to 0} p(t) = \frac{a}{b} \; .$$

Man sieht auch, daß $p = p(t)$ eine monoton wachsende bzw. fallende Funktion in $t \geq t_0$ ist, falls $p_0 < \frac{a}{b}$ bzw. $p_0 > \frac{a}{b}$ ist. Für $p_0 = \frac{a}{b}$ ist $p(t) = \frac{a}{b} = p_0$ für alle $t \geq t_0$. Ein Wendepunkt t_s von $p = p(t)$ ergibt sich aus der Forderung $\ddot{p}(t_s) = 0$. Aus der Differentialgleichung erhalten wir

$$\ddot{p}(t_s) = a\,\dot{p}(t_s) - 2b\,p(t_s)\,\dot{p}(t_s) = (a - 2b\,p(t_s))\,p(t_s)\,(a - b\,p(t_s)) = 0 \; .$$

Hieran erkennt man, daß im Falle

$$p_0 > \frac{a}{b} \Longrightarrow p(t) > \frac{a}{b} \quad \text{für alle} \quad t \geq t_0$$

kein Wendepunkt auftreten kann und im Falle

$$p_0 < \frac{a}{b} \Longrightarrow p(t) < \frac{a}{b} \quad \text{für alle} \quad t = t_0$$

genau einer, welcher die Gleichung

$$p(t_s) = \frac{a}{2b}$$

löst. Anschaulich haben wir die folgende Situation:

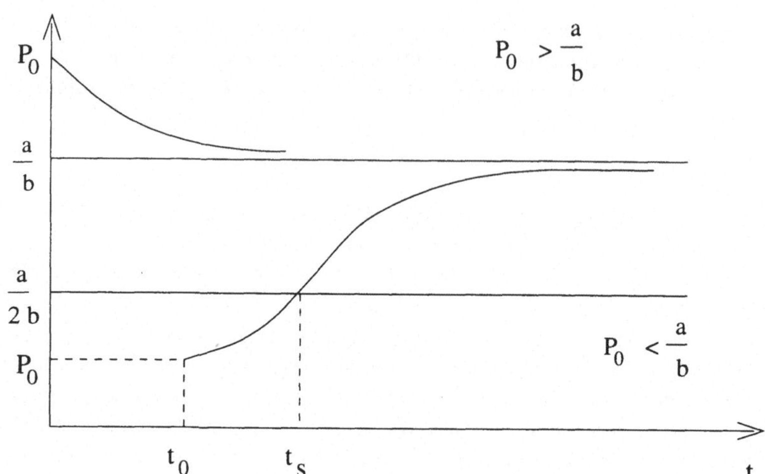

Wählt man drei Punkte $t_1 < t_2 < t_3, t_1 \geq t_0$ mit $t_2 - t_1 = t_3 - t_2$, so kann man die Parameter a, b des Wachstumsgesetzes (4.7) eindeutig aus den Werten $p(t_1)$, $p(t_2)$, $p(t_3)$ berechnen (Übung). Wendet man dieses auf das empirisch ermittelte Bevölkerungswachstum der USA an und setzt die ermittelten Werte für $p(1790)$, $p(1860)$ und $p(1930)$ ein, so erhält man (vgl. [1])

$$a = 0.03134 \quad \text{und} \quad b = 1{,}5587.10^{-10} \ .$$

Das hieraus abgeleitete Wachstumsgesetz ist in bemerkenswerter Übereinstimmung mit den empirischen Daten (vgl. hierzu [1]), obwohl die Einwanderung und z.B. der große amerikanische Bürgerkrieg dabei nicht berücksichtigt wurden. Als Grenzwert $\frac{a}{b}$ für die amerikanische Bevölkerung ergibt sich nach dem abgeleiteten Gesetz 197273000, und es läßt sich errechnen, daß t_s etwa in den April des Jahres 1913 hineinfällt.

Der von Verhulst im Jahre 1845 für Frankreich im Jahre 1930 nach dem S-förmigen Wachstumsgesetz vorhergesagte Wert von etwa 40000000 Menschen stimmt auch ziemlich gut mit dem tatsächlich erreichten überein. Bei Belgien hingegen fällt der theoretisch berechnete erheblich kleiner als der tatsächlich erreichte aus. Hierfür gibt Braun in seinem Buch [1] als Erklärung einen überraschenden wirtschaftlichen Aufschwung der belgischen Industrie und die Eroberung des Kongo an.

Eine Bewertung des S-förmigen Wachstumsgesetzes (4.7) (welches man auch logistisches Wachstum nennt) anhand der Übereinstimmung mit empirischen Daten ist offenbar unbefriedigend. Die Frage, ob sich das Wachstum einer geschlossenen Bevölkerungsgruppe ohne äußere Einwirkung grundsätzlich gemäß diesem Gesetz vollzieht, bleibt offen. Es gibt experimentelle Befunde, die darauf hindeuten, daß Bakterien in einer Nährlösung und gewisse Infusorien sich logistisch vermehren. Entscheidend ist aber auch hier, daß sich das Wachstum unter gleichbleibenden Bedingungen vollzieht und nicht einschneidenden Veränderungen der Lebensbedingungen unterworfen sind.

Wünschenswert wäre eine Herleitung des logistischen Wachstumsgesetzes aus einsichtigen und überprüfbaren Grundannahmen. Es ist allerdings sehr fraglich, ob das überhaupt möglich ist. Wie bereits bemerkt, ist die Differentialgleichung (4.6) nicht die einzige

Möglichkeit zur Beschreibung logistischen Wachstums. Bei dem Versuch, Tumorwachstum mathematisch zu modellieren, ist man auf eine andere Differentialgleichung gestoßen, die ebenfalls S-förmige Lösungskurven zuläßt. Den Ausgangspunkt bildet dabei die von zahlreichen Forschern getroffene Feststellung, daß die Wachstumsrate eines Tumors zeitlich abklingt. Das wird zunächst mit Hilfe einer Differentialgleichung der Form

$$\frac{dp}{dt}(t) = \lambda(t)\,p(t) \tag{4.8}$$

beschrieben, wobei $\lambda = \lambda(t)$ als positive, monoton fallende Funktion angenommen wird. Mit der Anfangsvorgabe $p(0) = p_0$ lautet die Lösung von (4.8) (falls $\lambda = \lambda(t)$ auch stetig ist)

$$p(t) = p_0\,\exp(\int_0^t \lambda(s)\,ds)\ . \tag{4.9}$$

Für die Funktion $\lambda = \lambda(t)$ gibt es unendlich viele Auswahlmöglichkeiten. Nimmt man an, daß die Wachstumsrate des Tumors exponentiell abklingt, so erhält man

$$\lambda(t) = \lambda_0\,e^{-\gamma t} \quad (\lambda(0) = \lambda_0 > 0) \tag{4.10}$$

mit einer gewissen Abklingrate $\gamma > 0$ und daraus

$$p(t) = p_0\,\exp[\frac{\lambda_0}{\gamma}(1 - e^{-\gamma t})] \tag{4.11}$$

als Wachstumsgesetz . Offenbar gilt

$$p_0 \leq p(t) \leq p_0\,e^{\frac{\lambda_0}{\gamma}} \quad \text{und} \quad \lim_{t\to\infty} p(t) = p_0\,e^{\frac{\lambda_0}{\gamma}}\ .$$

Die Funktion $p(t)$ wächst streng monoton von p_0 bis $p_0\,e^{\frac{\lambda_0}{\gamma}}$ und hat genau einen Wendepunkt $\hat{t} > 0$ (mit $\ddot{p}(\hat{t}) = 0$), wenn man annimmt, daß $\lambda_0 > \gamma$ ist. Dieser ist dann gegeben durch

$$\hat{t} = \frac{1}{\gamma}\,\ell n\,\frac{\lambda_0}{\gamma}\ .$$

Anschaulich liegt die folgende Situation vor:

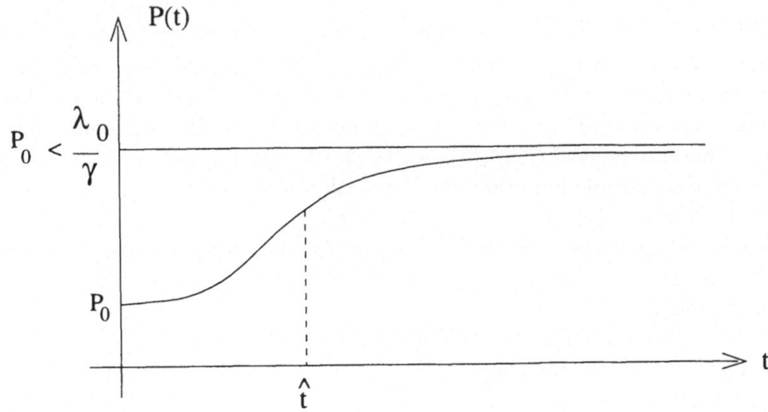

Durch das Gesetz (4.11) wird also für $t \geq 0$ unter der Annahme $\lambda_0 > \gamma$ ebenfalls logistisches Wachstum beschrieben, und die zugrundeliegenden Annahmen sind von denen, die zum Wachstumsgesetz (4.7) geführt haben, völlig verschieden. Mathematisch läßt sich ein gewisser Zusammenhang herstellen. Dazu gehen wir davon aus, daß sich die durch (4.10) gegebene Wachstumsrate $\lambda = \lambda(t)$ des Tumors äquivalent als Lösung der Anfangswertaufgabe

$$\frac{d\lambda}{dt} = -\gamma\,\lambda(t)\,,\quad \lambda(0) = \lambda_0\,, \tag{4.12}$$

beschreiben läßt. Aus (4.8) leitet man dann die Gleichung

$$\frac{d}{dt}\left[\gamma\,\ell n\,p(t)\right] = -\frac{d\lambda}{dt}(t)$$

ab, aus der man

$$\gamma\,\ell n\,\frac{p(t)}{p_0} = -\lambda(t) + \lambda_0$$

und weiter

$$\lambda(t) = \lambda_0 - \gamma\,\ell n\,\frac{p(t)}{p_0} \tag{4.13}$$

erhält.

Vergleicht man nun (4.6) mit (4.8) und $\lambda(t)$ nach (4.13), so sieht man, daß beide Differentialgleichungen von der Form

$$\frac{dp}{dt}(t) = \mu(p(t))\,p(t) \tag{4.14}$$

sind mit

$$\mu(p(t)) = a - b\,p(t) \tag{4.15}$$

bzw.

$$\mu(p(t)) = \lambda_0 - \gamma\,\ell n\,\frac{p(t)}{p_0}\,. \tag{4.16}$$

In beiden Fällen ist $\mu = \mu(p)$ eine positive, monoton fallende Funktion, welche innerhalb des Wachstumsbereiches $[0, \frac{a}{b}]$ bzw. $[p_0, p_0\,e^{\lambda_0/\gamma}]$ für $p = p(t)$ mit wachsendem t gegen Null strebt, wobei dann $p(t)$ sich dem Wert $\frac{a}{b}$ bzw. $p_0\,e^{\frac{\lambda_0}{\gamma}}$ nähert. Diese beiden Beispiele geben nun leicht Anlaß zu folgender Spekulation, durch die zweifellos eine gewisse theoretische Einheitlichkeit erzielt wird: Das Wachstum in geschlossenen Populationen vollzieht sich gemäß der Differentialgleichung (4.14), wobei die Wachstumsrate $\mu = \mu(p)$ eine nichtnegative, monoton fallende Funktion der Populationsgröße p ist.

Besitzt dann $\mu = \mu(p)$ eine positive Nullstelle M (wie bei den obigen beiden Beispielen), so ist M eine obere Schranke für die Populationsgröße, und diese strebt mit wachsender Zeit gegen M. Besitzt $\mu = \mu(p)$ keine positive Nullstelle, so ist unbegrenztes Wachstum möglich.

Damit beschränktes, S-förmiges Wachstum entsteht, muß $\mu = \mu(p)$ noch weitere Eigenschaften haben, die aber im allgemeinen schwer beschreibbar sind, wie schon die beiden obigen Beispiele zeigen.

4.2 Wechselwirkendes Wachstum

Wir denken uns zwei Populationen vorgegeben, deren zeitabhängige Größen wir beschreiben durch Funktionen $p = p(t)$ und $q = q(t)$, $t \in I\!R$, von denen wir annehmen, daß sie stetig differenzierbar sind. Die zeitliche Veränderung von p und q denken wir uns zunächst in Analogie zu (4.14) beschrieben durch ein System von Differentialgleichungen der Form

$$
\begin{aligned}
\dot{p}(t) &= f(p(t), q(t))\, p(t) \ , \\
\dot{q}(t) &= g(p(t), q(t))\, q(t) \ , \quad t \in I\!R \ .
\end{aligned}
\tag{4.17}
$$

Dabei sind f bzw. g reellwertige Funktionen auf

$$
\overset{\circ}{I\!R}{}_{+}^{2} = \{(p, q) \in I\!R^2 \,|\, p > 0, q > 0\} \ ,
$$

welche die Wachstumsraten von p bzw. q darstellen.

Wir nehmen an, daß das Gleichungssystem

$$
f(p, q) = 0 \ , \quad g(p, q) = 0
\tag{4.18}
$$

eine Lösung $p = \hat{p}(> 0)$, $q = \hat{q}(> 0)$ besitzt. Dann ist offenbar

$$
p(t) = \hat{p} \ , \quad q(t) = \hat{q} \ , \quad t \in I\!R \ ,
\tag{4.19}
$$

eine Lösung von (4.17) und heißt (aus naheliegendem Grund) Gleichgewichtslösung .

Eine entscheidende Frage ist nun, wie sich die Lösungen von (4.17) in der Nähe dieser Gleichgewichtslösung verhalten, insbesondere die Frage, ob sie sich mit wachsender Zeit dieser Gleichgewichtslösung immer mehr nähern.

Um diese Frage zu beantworten, setzen wir voraus, daß f und g auf $\overset{\circ}{I\!R}{}_{+}^{2}$ stetige partielle Ableitungen f_p, f_q, g_p und g_q besitzen.

Definiert man eine Vektorfunktion $F(p, q) = (F_1(p, q),\, F_2(p, q))$, $(p, q) \in \overset{\circ}{I\!R}{}_{+}^{2}$ vermöge

$$
F_1(p, q) = f(p, q)\, p \quad \text{und} \quad F_2(p, q) = g(p, q)\, q \ ,
$$

so liegt auf Grund der Stabilitätstheorie (vgl. z.B. [3]) sog. Attraktivität vor, d.h. jede Lösung von (4.17), die zu irgendeinem Zeitpunkt $t \in I\!R$ in einer geeigneten Umgebung von $(\hat{p}, \hat{q}) \in \overset{\circ}{I\!R}{}_{+}^{2}$ liegt, nähert sich $(\hat{p}, \hat{q})$ für $t \to \infty$ beliebig, falls die Jacobi-Matrix

$$
J_F(\hat{p}, \hat{q}) = \begin{pmatrix} F_{1p}(\hat{p}, \hat{q}) \ F_{1q}(\hat{p}, \hat{q}) \\ F_{2p}(\hat{p}, \hat{q}) \ F_{2q}(\hat{p}, \hat{q}) \end{pmatrix} = \begin{pmatrix} f_p(\hat{p}, \hat{q})\, \hat{p} & f_q(\hat{p}, \hat{q})\, \hat{p} \\ g_p(\hat{p}, \hat{q})\, \hat{q} & g_q(\hat{p}, \hat{q})\, \hat{q} \end{pmatrix}
$$

Eigenwerte $\lambda_1, \lambda_2 \in \mathbb{C}$ besitzt mit $\mathcal{R}e(\lambda_1) < 0$ und $\mathcal{R}e(\lambda_2) < 0$. Diese Eigenwerte sind Lösungen der quadratischen Gleichung

$$
\lambda^2 - (f_p(\hat{p}, \hat{q})\, \hat{p} + g_q(\hat{p}, \hat{q})\hat{q})\, \lambda + (f_p(\hat{p}, \hat{q})\, g_q(\hat{p}, \hat{q}) - f_q(\hat{p}, \hat{q})\, g_p(\hat{p}, \hat{q}))\, \hat{p}\hat{q} = 0
$$

und gegeben durch die Formel

$$\begin{aligned}
\lambda_{1,2} = {} & \tfrac{1}{2}\left(f_p(\hat{p},\hat{q})\,\hat{p} + g_q(\hat{p},\hat{q})\hat{q})\right) \\
& \pm \sqrt{\tfrac{1}{4}\left(f_p(\hat{p},\hat{q})\hat{p} + g_q(\hat{p},\hat{q})\hat{q}\right)^2 - \left(f_p(\hat{p},\hat{q})\,g_q(\hat{p},\hat{q}) - f_q(\hat{p},\hat{q})\,g_p(\hat{p},\hat{q})\right)\hat{p}\hat{q}} \;.
\end{aligned} \tag{4.20}$$

Spezialfälle:

a) Konkurrenz : Wir nehmen an, daß die beiden Populationen um den gleichen Lebensraum kämpfen und ihre Wachstumsraten mit wachsenden Größen der beiden Populationen abnehmen. Mathematisch wird das dadurch ausgedrückt, daß wir fordern

$$f_p(p,q) < 0 \;, \quad f_q(p,q) < 0 \;, \quad g_p(p,q) < 0 \;, \quad g_q(p,q) < 0 \tag{4.21}$$

für alle $(p,q) \in \overset{\circ}{I\!R}{}^2_+$.

Aus (4.20) folgt sodann $\mathcal{R}e(\lambda_{1,2}) < 0$, falls die Bedingung

$$f_p(\hat{p},\hat{q})\,g_q(\hat{p},\hat{q}) - f_q(\hat{p},\hat{q})\,g_p(\hat{p},\hat{q}) > 0 \tag{4.22}$$

erfüllt ist.

Deutet man die partiellen Ableitungen f_p, f_q, g_p und g_q mit (4.21) als Wachstumsverzögerungen, so besagt die Bedingung (4.22), daß die Gleichgewichtslösung (4.19) von (4.17) attraktiv ist, wenn in $(\hat{p},\hat{q})$ das Produkt der Eigenwachstumsverzögerungen größer ist als das Produkt der wechselseitigen Wachstumsverzögerungen.

Als qualitative Aussage, bei der man das Wort "Produkt" durch "gemeinsamen Einfluß" ersetzt, ist diese Aussage a posteriori plausibel, allerdings ohne ein mathematisches Modell schwerlich a priori aus den getroffenen Annahmen deduzierbar.

Die einfachste Form für die Wachstumsratenfunktionen ist

$$\begin{aligned}
f(p,q) &= a + bp + cq \;, \\
g(p,q) &= d + ep + fq \;.
\end{aligned} \tag{4.23}$$

Die Forderung (4.21) ist dann gleichbedeutend mit

$$b < 0 \;, \quad c < 0 \;, \quad e < 0 \quad \text{und} \quad f < 0 \;, \tag{4.21'}$$

und die Bedingung (4.22) besagt

$$bf > ce \iff \frac{b}{e} > \frac{c}{f} \;. \tag{4.22'}$$

Damit hat das Gleichgewichtssystem

$$\begin{aligned}
f(p,q) &= a + bp + cq = 0 \;, \\
g(p,q) &= d + ep + fq = 0
\end{aligned} \tag{4.18'}$$

genau eine Lösung $p = \hat{p}$, $q = \hat{q}$, welche gegeben ist in der Form

$$\hat{p} = \frac{af - cd}{bf - ce}, \qquad \hat{q} = \frac{bd - ae}{bf - ce}. \tag{4.24}$$

Weiter ist $\hat{p} > 0$ und $\hat{q} > 0$ genau dann, wenn gilt

$$\frac{b}{e} > \frac{a}{d} > \frac{c}{f}. \tag{4.25}$$

Aus den obigen Betrachtungen ergibt sich die folgende Aussage: Das System (4.17) mit f und g nach (4.23) besitzt unter der Annahme (4.21') genau eine attraktive Gleichgewichtslösung $p(t) = \hat{p} > 0$, $q(t) = \hat{q} > 0$ (die durch (4.24) gegeben ist), wenn die Bedingung (4.25) gilt.

In diesem speziellen Modell läßt sich auch der Fall diskutieren, wie sich die Populationen verhalten, wenn das Produkt der Eigenwachstumsverzögerungen gleich dem der wechselseitigen Wachstumsverzögerungen ist, nämlich in dem Falle (vgl. [4])

$$fb = ce \iff \frac{b}{e} = \frac{c}{f}. \tag{4.26}$$

Dann hat das lineare Gleichungssystem (4.18') entweder keine Lösung oder unendlich viele Lösungen, und zwar dann, wenn gilt

$$\frac{b}{e} = \frac{a}{d} = \frac{c}{f} = \lambda(> 0). \tag{4.27}$$

Ist

$$\frac{a}{d} < \frac{b}{e} = \frac{c}{f} \quad \text{oder} \quad \frac{a}{d} > \frac{b}{e} = \frac{c}{f}, \tag{4.28}$$

so hat (4.18') keine Lösung, d.h. die Punkte $(p, q) \in I\!R_+^2$ mit $f(p, q) = 0$ oder $g(p, q) = 0$ liegen auf zwei parallelen Geraden, die mit $\overset{\circ}{I\!R}_+^2$ einen nichtleeren Durchschnitt haben, wenn gilt

$$a > 0 \quad \text{und} \quad d > 0. \tag{4.29}$$

Es gibt dann zwei Gleichgewichtslösungen von (4.17), und zwar

$$\hat{p} = -\frac{a}{b}, \quad \hat{q} = 0 \quad \text{und} \quad \hat{p} = 0, \quad \hat{q} = -\frac{d}{f}. \tag{4.30}$$

Wir nehmen einmal an, es sei

$$\frac{a}{d} < \lambda = \frac{b}{e} = \frac{c}{f}(> 0), \tag{4.31}$$

und schreiben das System (4.17) in der Form

$$\begin{aligned}
\frac{\dot{p}(t)}{p(t)} &= a + bp(t) + cq(t) \,, \\
\frac{\dot{q}(t)}{q(t)} &= d + ep(t) + fq(t) \,.
\end{aligned} \tag{4.17'}$$

Multipliziert man die zweite Gleichung von (4.17') mit λ und subtrahiert das Ergebnis von der ersten, so erhält man

$$\frac{\dot{p}(t)}{p(t)} - \lambda \frac{\dot{q}(t)}{q(t)} = a - \lambda d = \alpha(< 0) \,, \tag{4.32}$$

woraus sich

$$\frac{p(t)}{q(t)^\lambda} = \frac{p(0)}{q(0)^\lambda} \, e^{\alpha t} \tag{4.33}$$

ergibt. Wegen $\alpha < 0$ folgt hieraus

$$\lim_{t \to \infty} \frac{p(t)}{q(t)^\lambda} = 0 \implies \lim_{t \to \infty} p(t) = 0 \,,$$

da $q(t)$ nicht über alle Grenzen wachsen kann. Es folgt sogar

$$\lim_{t \to \infty} q(t) = -\frac{d}{f} \,,$$

d.h., jede Lösung von (4.17') läuft in unendlich langer Zeit in den Fixpunkt $\hat{p} = 0$, $\hat{q} = -\frac{d}{f}$ hinein, was bedeutet, daß die eine Population ausstirbt und die andere sich ihrer maximalen Größe bei alleinigem Vorhandensein immer mehr nähert.

Analog sieht man im Falle

$$\frac{a}{d} > \lambda = \frac{b}{e} = \frac{c}{f}(> 0) \,,$$

daß gilt

$$\lim_{t \to 0} q(t) = 0 \quad \text{und} \quad \lim_{t \to 0} p(t) = -\frac{a}{b} \,.$$

Anschaulich liegt die folgende Situation vor:

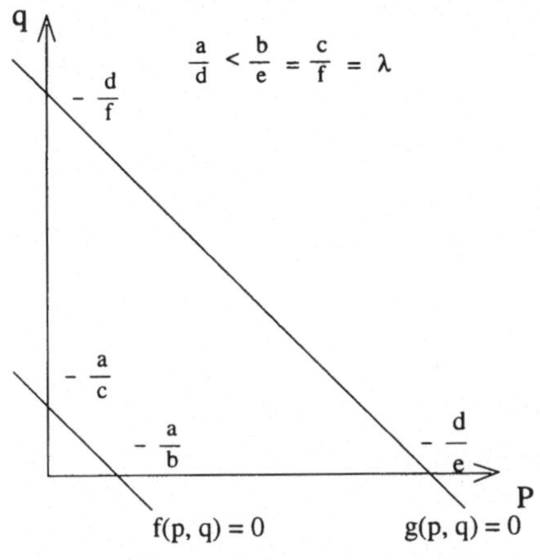

Alle Lösungskurven streben nach $\left(0, -\dfrac{d}{f}\right)$

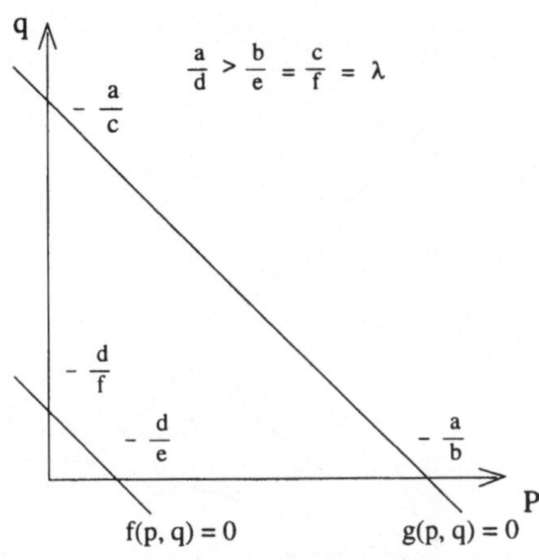

Alle Lösungskurven streben nach $\left(0, -\dfrac{a}{b}\right)$

Im Falle

$$\alpha = a - \lambda d = 0$$

ergibt sich für jede Lösung von (4.17') die Beziehung

$$p(t) = C_0 \, q(t)^{\lambda} \, ,$$

wobei $C_0 > 0$ eine geeignete Konstante ist. Weiter sind im Falle $a > 0$ alle Lösungen $p > 0$, $q > 0$ von

$$a + bp + cq = 0$$

Gleichgewichtslösungen von (4.17'). Anschaulich liegt folgende Situation vor:

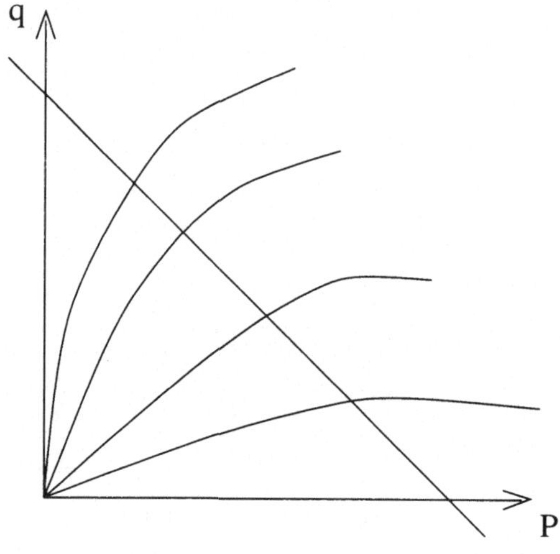

Präziser formuliert, läßt sich folgendes beweisen: Für jede Lösung $p = p(t)$, $q = q(t)$ von (4.17') ist die Menge

$$W(p,q) = \{(p_\infty, q_\infty) \in \overset{\circ}{I\!R}{}^2_+ \mid (t_k)_{k\in I\!\!N} \text{ mit } t_k \to \infty$$
$$\text{und } p(t_k) \to p_\infty \,, \quad q(t_k) \to q_\infty\}$$

der sog. w-Limespunkte enthalten in der Menge

$$\{(\tilde{p}, \tilde{q}) \in \overset{\circ}{I\!R}{}^2_1 \mid a + b\tilde{p} + c\tilde{q} = 0\} \;.$$

Das spezielle Modell mit f und g nach (4.23) unter der Annahme (4.26) wurde als Konkurrenzmodell von Volterra untersucht. In diesem Modell werden zwei Populationen betrachtet, die um eine gemeinsame Ressource konkurrieren. Es wird angenommen, daß diese Ressource R anfänglich die Größe $\bar{R}(>0)$ hat und danach abnimmt gemäß

$$R = \bar{R} - (\gamma_1\, p + \gamma_2\, q) \;, \tag{4.34}$$

wobei γ_1 und γ_2 zwei positive Konstanten sind. Die zeitliche Entwicklung der Population wird in der Form

$$\frac{\dot{p}}{p} = \beta_1\, R - \alpha_1 \quad \text{und} \quad \frac{\dot{q}}{q} = \beta_2\, R - \alpha_2 \tag{4.35}$$

angenommen, wobei α_1, α_2, β_1 und β_2 ebenfalls positive Konstanten sind. Einsetzen von R aus (4.34) in (4.35) führt zu den beiden Differentialgleichungen

$$\begin{aligned}
\frac{\dot{p}}{p} &= \beta_1\, \bar{R} - \alpha_1 - \beta_1\, \gamma_1\, p - \beta_1\, \gamma_2\, q \;, \\
\frac{\dot{q}}{q} &= \beta_2\, \bar{R} - \alpha_2 - \beta_2\, \gamma_1\, p - \beta_2\, \gamma_2\, q \;.
\end{aligned} \tag{4.36}$$

Setzt man

$$a = \beta_1 \bar{R} - \alpha_1 , \quad b = -\beta_1 \gamma_1 , \quad c = -\beta_1 \gamma_2 ,$$
$$d = \beta_2 \bar{R} - \alpha_2 , \quad e = -\beta_2 \gamma_1 , \quad f = -\beta_2 \gamma_2 ,$$

so gehen die Gleichungen (4.36) in (4.17') über, und die Bedingungen (4.21') sowie (4.26) sind erfüllt.

b) Räuber-Beute-Verhalten: Wir nehmen an, daß die p-Population der q-Population als Beute dient. Dann nimmt ihre Wachstumsrate ab, wenn sowohl ihre eigene Größe, als auch die der Räuber-(q)-Population zunimmt. Mathematisch ausgedrückt bedeutet das

$$f_p(p,q) < 0 \quad \text{und} \quad f_q(p,q) < 0 \tag{4.37}$$

für alle $(p,q) \in \overset{\circ}{I\!R}{}^2_+$.

Die Wachstumsrate der Räuber-(q)-Population hingegen nimmt nur ab, wenn die eigene Größe wächst, jedoch zu, wenn die Größe der Beute-(p)-Population wächst, d.h. es gilt

$$g_p(p,q) > 0 \quad \text{und} \quad g_q(p,q) < 0 \tag{4.38}$$

für alle $(p,q) \in \overset{\circ}{I\!R}{}^2_+$.

Wir nehmen wieder an, daß eine Gleichgewichtslösung (4.19) mit $(\hat{p},\hat{q}) \in \overset{\circ}{I\!R}{}^2_+$ von (4.17) existiert, für die dann

$$f(\hat{p},\hat{q}) = 0 , \quad g(\hat{p},\hat{q}) = 0$$

gelten muß.

Aus (4.20) ergibt sich nun $\mathcal{R}e(\lambda_{1,2}) < 0$, ohne daß irgendeine weitere Bedingung erfüllt sein muß, d.h. jede Gleichgewichtslösung (4.19) mit $(p,q) \in \overset{\circ}{I\!R}{}^2_+$ von (4.17) attraktiv ist.

Nehmen wir wieder die einfachste Form (4.23) für die Wachstumsratenfunktionen $f = f(p,q)$ und $g = g(p,q)$ an, so sind die Bedingungen (4.37), (4.38) gleichbedeutend mit

$$b < 0 , \quad c < 0 , \quad e > 0 \quad \text{und} \quad f < 0 ,$$

so daß die Bedingung (4.22'), nämlich

$$bf - ce > 0 ,$$

automatisch erfüllt ist.

Im klassischen Räuber-Beute-Modell, welches von Volterra und Lotka untersucht worden ist, wird $b = f = 0$ angenommen, d.h. die Wachstumsraten werden von der eigenen Populationsgröße nicht beeinflußt. Weiter wird angenommen, es sei $a > 0$ und $d < 0$. Man erhält dann $\hat{p} = -\frac{d}{e}(> 0)$, $\hat{q} = -\frac{a}{c}(> 0)$, und aus (4.20) ergibt sich $\lambda_{1,2} = \pm\sqrt{a|d|}\, i$, d.h. $\mathcal{R}e(\lambda_{1,2}) = 0$. In diesem Falle kann man zeigen, daß die Gleichgewichtslösung (4.19) stabil ist, d.h. daß zu jeder Umgebung von $(\hat{p},\hat{q})$ eine darin enthaltene existiert derart, daß eine Lösung von (4.17') die vorgegebene Umgebung nicht verläßt, wenn sie zu irgendeinem Zeitpunkt in der darin enthaltenen gewesen ist.

4.3   Das Problem der Diskretisierung

Wir betrachten noch einmal das mathematische Modell (4.17) für wechselwirkendes Wachstum. Ersetzt man die Ableitungen auf der linken Seite von (4.17) durch Differenzenquotienten

$$\frac{p(t+h)-p(t)}{h} \quad \text{und} \quad \frac{q(t+h)-q(t)}{h}$$

bezüglich einer vorgegebenen Zeitschrittweite $h > 0$, so erhält man die beiden Differenzengleichungen

$$\begin{aligned}
p(t+h) &= (1 + hf(p(t), q(t)))\, p(t)\,, \\
q(t+h) &= (1 + hg(p(t), q(t)))\, q(t)\,, \quad t \in I\!R\,.
\end{aligned} \tag{4.39}$$

Sind $p = \hat{p}(> 0)$ und $q = \hat{q}(> 0)$ zwei Lösungen des Systems (4.18), so ist für jedes $h > 0$

$$p(t) = \hat{p}\,, \quad q(t) = \hat{q}\,, \quad t \in I\!R\,, \tag{4.19}$$

eine Lösung von (4.39) und heißt ebenfalls Gleichgewichtslösung . Spezielle Lösungen von (4.39) erhalten wir für vorgegebenes $h > 0$ auf folgende Weise: Zum Zeitpunkt $t = 0$ geben wir uns Populationsgrößen

$$p(0) = p_0(> 0) \quad \text{und} \quad q(0) = q_0(> 0) \tag{4.40}$$

vor und erzeugen vermöge (4.39) rekursiv eine Vektorfolge $((p_k, q_k))_{k \in I\!N_0}$ mit

$$p_k = p(t_k)\,, \quad q_k = q(t_k)\,, \quad \text{wobei} \quad t_k = k \cdot h\,, \quad k \in I\!N_0\,.$$

Die Zahlen p_k und q_k können wir als Näherungen der Werte $p(t_k)$ und $q(t_k)$ einer Lösung $(p(t), q(t))\,, t \in I\!R$, von (4.17) mit (4.40) ansehen.

Definiert man zwei Funktionen $F_1^h = F_1^h(p, q)$ und $F_2^h = F_2^h(p, q)$ gemäß

$$\begin{aligned}
F_1^h(p, q) &= (1 + hf(p, q))\, p\,, \\
F_2^h(p, q) &= (1 + hg(p, q))\, q\,, \quad (p, q) \in \overset{\circ}{I\!R}{}_+^2\,,
\end{aligned} \tag{4.41}$$

so gilt

$$p_{k+1} = F_1^h(p_k, q_k)\,, \quad q_{k+1} = F_2^h(p_k, q_k)\,, \quad k \in I\!N_0\,. \tag{4.42}$$

Weiter ist

$$\hat{p} = F_1^h(\hat{p}, \hat{q})\,, \quad \hat{q} = F_2^h(\hat{p}, \hat{q})\,,$$

d.h. $(\hat{p}, \hat{q}) \in \overset{\circ}{I\!R}{}_+^2$ ist ein Fixpunkt der Vektorabbildung $(p, q) \to F^h(p, q) = (F_1^h(p, q), F_2^h(p, q))$, $(p, q) \in \overset{\circ}{I\!R}{}_+^2$.

Die entscheidende Frage ist nun, ob die Folge $((p_k, q_k))_{k \in \mathbb{N}_0}$ gegen $(\hat{p}, \hat{q})$ konvergiert, wenn $(p_0, q_0) \in \overset{o}{\mathbb{R}}{}^2_+$ genügend nahe bei (p, q) liegt, präziser, ob es ein $\varepsilon > 0$ gibt mit

$$
\begin{aligned}
|p_0 - \hat{p}| &< \varepsilon \implies \hat{p} = \lim_{k \to \infty} p_k \quad \text{und} \\
|q_0 - \hat{q}| &< \varepsilon \implies \hat{q} = \lim_{k \to \infty} q_k \ .
\end{aligned}
\tag{4.43}
$$

Diese Frage ist das genaue Analogon zu der Frage, ob die Lösungen von (4.17), die zu einem Zeitpunkt $t \in \mathbb{R}$ (etwa $t = 0$) in der Nähe einer Gleichgewichtslösung (4.19) von (4.17) liegen, für $t \to \infty$ sich dieser beliebig nähern.

Zur Beantwortung dieser Frage berechnen wir die Jacobi-Matrix $J_{F^h}(\hat{p}, \hat{q})$ der durch (4.41) definierten Vektorfunktion $F^h(p, q) = (F_1^h(p, q), F_2^h(p, q)), (p, q) \in \overset{o}{\mathbb{R}}{}^2_+$ in $(\hat{p}, \hat{q})$ und erhalten

$$
J_{F^h}(\hat{p}, \hat{q}) = \begin{pmatrix} 1 + h\, f_p(\hat{p}, \hat{q})\, \hat{p} & h\, f_q(\hat{p}, \hat{q})\, \hat{p} \\ h\, g_p(\hat{p}, \hat{q})\, \hat{q} & 1 + h\, g_q(\hat{p}, \hat{q})\, \hat{q} \end{pmatrix} \ .
$$

Gilt für die Eigenwerte $\lambda_1(\hat{p}, \hat{q}, h), \lambda_2(\hat{p}, \hat{q}, h) \in \mathbb{C}$ dieser Matrix

$$
|\lambda_1(p, q, h)| < 1 \quad \text{und} \quad |\lambda_2(p, q, h)| < 1 \ ,
$$

so gibt es ein $\varepsilon > 0$ mit (4.43). Diese Eigenwerte sind Lösungen der quadratischen Gleichung

$$
\begin{aligned}
\lambda^2 \ &- \ \{2 + h(f_p(\hat{p}, \hat{q})\, \hat{p} + g_q(\hat{p}, \hat{q}))\} \lambda \\
&+ \ (1 + h\, f_p(\hat{p}, \hat{q})\, \hat{p})(1 + h\, g_q(\hat{p}, \hat{q})\, \hat{q}) - h^2\, \hat{p}\hat{q}\, f_q(\hat{p}, \hat{q})\, g_q(\hat{p}, \hat{q}) = 0 \ .
\end{aligned}
$$

und sind gegeben durch die Formel

$$
\begin{aligned}
\lambda_{1,2}(\hat{p}, \hat{q}, h) = 1 + \tfrac{h}{2}\, (f_p(\hat{p}, \hat{q})\, \hat{p} + g_q(\hat{p}, \hat{q})\, \hat{q}) \\
\pm \ h\sqrt{\tfrac{1}{4}\, (f_p(\hat{p}, \hat{q})\hat{p} + g_q(\hat{p}, \hat{q})\hat{q})^2 - (f_p(\hat{p}, \hat{q})\, g_q(\hat{p}, \hat{q}) - f_q(\hat{p}, \hat{q})\, g_p(\hat{p}, \hat{q}))\, \hat{p}\hat{q}} \ ,
\end{aligned}
$$

woraus folgt

$$
\lambda_{1,2}(\hat{p}, \hat{q}, h) = 1 + h \cdot \lambda_{1,2} \ ,
$$

wobei $\lambda_{1,2}$ die durch (4.20) gegebenen Eigenwerte der Jacobi-Matrix $J_F(\hat{p}, \hat{q})$ sind. Setzt man

$$
\lambda_{1,2} = \mathcal{R}e(\lambda_{1,2}) + i\, \mathcal{I}m(\lambda_{1,2}) \ ,
$$

so ergibt sich

$$
|\lambda_{1,2}(p, q, h)|^2 = 1 + 2h\, \mathcal{R}e(\lambda_{1,2}) + h^2(\mathcal{R}e(\lambda_{1,2})^2 + \mathcal{I}m(\lambda_{1,2})^2) \ .
\tag{4.44}
$$

In Abschnitt 4.2 haben wir gesehen, daß im Falle der Konkurrenz aus den Annahmen (4.21), (4.22) und im Falle des Räuber-Beute-Verhaltens aus den Annahmen (4.37), (4.38) folgt, daß $\mathcal{R}e(\lambda_{1,2}) < 0$ ist. Für genügend kleines $h > 0$ folgt somit aus (4.44), daß gilt $|\lambda_{1,2}(\hat{p}, \hat{q}, h)| < 1$.

Ergebnis: Für eine genügend kleine Schrittweite $h > 0$ konvergieren die vermöge (4.42) gewonnenen Lösungen der Differenzengleichungen (4.39) mit $(p_0, q_0) \in \overset{\circ}{I\!R}{}_+^2$ in hinreichender Nähe einer Gleichgewichtslösung gegen diese, wenn die Voraussetzungen erfüllt sind, die auch garantieren, daß die Lösungen von (4.17) gegen eine Gleichgewichtslösung streben, wenn sie dieser nur nahekommen.

Ist hingegen die Schrittweite $h > 0$ groß, so folgt

$$|\lambda_1(\hat{p}, \hat{q}, h)| > 1 \quad \text{und} \quad |\lambda_2(\hat{p}, \hat{q}, h)| > 1 \ .$$

In diesem Fall läßt sich zeigen, daß es zu jedem $\varepsilon > 0$ ein Paar $(p_0, q_0) \in \overset{\circ}{I\!R}{}_+^2$ mit $|p_0 - \hat{p}| < \varepsilon$ und $|q_0 - \hat{q}| < \varepsilon$ gibt derart, daß für jedes $k \in I\!N$ ein $n_k \geq k$ existiert mit

$$|p_{n_k} - \hat{p}| \geq \varepsilon \quad \text{und} \quad |q_{n_k} - \hat{q}| \geq \varepsilon \ .$$

Die Folge $((p_k, q_k))_{k \in N_0}$, die vermöge (4.42) erzeugt wird, konvergiert also nicht gegen $(\hat{p}, \hat{q})$.

Die Lösungen der Differenzengleichungen (4.39), die vermöge (4.42) gewonnen werden, verhalten sich in der Nähe einer Gleichgewichtslösung also nicht so, wie die Lösungen der Differentialgleichungen (4.17).

Den Übergang von den Differentialgleichungen (4.17) zu den Differentialgleichungen (4.39) bezeichnet man als eine Zeit-Diskretisierung . Man hätte aber umgekehrt in Analogie zu der Vorgehensweise am Anfang von Abschnitt 4.1 die Zeit-diskrete Veränderung der Populationsgrößen $p = p(t)$ und $q = q(t)$ auch von vornherein mit Hilfe der Differenzengleichungen (4.39) modellieren können. Dann stellt man aber fest, daß das dynamische Verhalten des Systems entscheidend von der Wahl der Zeitschrittweite abhängt und je nach Größenwahl völlig verschieden sein kann. Hierin liegt zweifellos ein Nachteil der Zeit-diskreten Modellierung der Populationsgrößen. Solange man sich aber auf kleine Zeitschrittweiten einläßt, verhalten sich die diskreten Lösungen in der Nähe von Gleichgewichtszuständen genau so wie die Zeit-kontinuierlichen Lösungen, wenn der Gleichgewichtszustand attraktiv ist.

Wir wollen diese Problematik auch noch für das klassische Räuber-Beute-Modell diskutieren, in welchem keine Eigenwachstumsbehinderung auftritt, d.h. in welchem $f_p \equiv 0$ und $g_q \equiv 0$ ist. Weiter gilt

$$f_q(p, q) < 0 \quad \text{und} \quad g_p(p, q) > 0 \quad \text{für alle} \quad (p, q) \in \overset{\circ}{I\!R}{}_+^2 \ ,$$

so daß aus (4.20) die Aussage

$$\lambda_{1,2} = \pm i \sqrt{|f_q(\hat{p}, \hat{q})| \, g_q(\hat{p}, \hat{q}) \, \hat{p}\hat{q}} \ ,$$

mithin $\mathcal{R}e(\lambda_{1,2}) = 0$ folgt. Wir haben bereits am Ende von Abschnitt 4.2 bemerkt, daß daraus die Stabilität der Gleichgewichtslösung (4.19) der Differentialgleichungen (4.17) folgt.

Daraus ergibt sich weiter für jede Zeitschrittweite $h > 0$

$$\lambda_{1,2}(\hat{p}, \hat{q}, h) = 1 \pm ih \sqrt{|f_q(\hat{p}, \hat{q})| \, g_q(\hat{p}, \hat{q}) \, \hat{p}\hat{q}}$$

und somit

$$|\lambda_{1,2}(p, q, h)|^2 = 1 + h^2 |f_q(p, q)| \, g_q(p, q) \, \hat{p}\hat{q} > 1 \; ,$$

was nach dem oben Gesagten impliziert, daß es für jedes $\varepsilon > 0$ ein Paar $(p_0, q_0) \in \overset{\circ}{I\!R}{}^2_+$ mit $|p_0 - \hat{p}| < \varepsilon$ und $|q_0 - \hat{q}| < \varepsilon$ gibt derart, daß die vermöge (4.42) erzeugte Folge $((p_k, q_k))_{k \in N_0}$ eine Teilfolge enthält, die nicht zur Umgebung $\{(p, q) \in \overset{\circ}{I\!R}{}^2_+ \mid |p - \hat{p}| < \varepsilon$ und $|q - \hat{q} < \varepsilon\}$ von $(\hat{p}, \hat{q})$ gehört. Die Stabilität der Gleichgewichtslösung (4.19) von (4.17) wird also durch die Diskretisierung zerstört, und das gilt für jede Zeitschrittweite $h > 0$.

Literaturverzeichnis

[1] M. Braun: Differentialgleichungen und ihre Anwendungen. Springer-Verlag: Berlin – Heidelberg – New York 1979.

[2] M. Eisen: Mathematical Models in Biology and Cancer Chemotherapy. Lecture Notes in Biomathematics. Springer-Verlag: Berlin – Heidelberg – New York 1979.

[3] H.W. Knobloch und F. Kappel: Gewöhnliche Differentialgleichungen. Teubner-Verlag: Stuttgart 1974.

[4] W. Metzler: Dynamische Systeme in der Ökologie. Teubner-Verlag: Stuttgart 1987.

5 Zwei mathematische Modelle in der Medizin

5.1 Gesteuertes Wachstum von Krebszellen

Bei chemotherapeutischer Krebsbehandlung werden die krebsbekämpfenden Mittel gewöhn lich in Zeitabschnitten mit dazwischenliegenden Erholungspausen verabreicht, da die Körperbelastung während der Behandlung sehr hoch ist und eine Erholung von diesem Eingriff erforderlich erscheint, bis er erneut vorgenommen wird.

Während der Erholungspausen erneuern sich sowohl die (ebenfalls geschädigten) gesunden Zellen wie die Krebszellen, so daß man jedesmal wieder von einem gewissen Krebszellenniveau ausgeht und dieses auf ein niedrigeres Niveau absenkt.

Es erhebt sich dabei die Frage, ob man durch eine Dauerbehandlung einen endgültigen Heilerfolg erzielen kann. Bevor man sich zu einer derartigen Radikalkur entschließt, möchte man natürlich auch die Erfolgsaussichten abschätzen können. Da man sich auf experimentelle Befunde nicht stützen kann, liegt es nahe, ein Gedankenexperiment anzustellen und aus diesem gewisse Implikationen abzuleiten. Dazu benötigt man zunächst einmal eine Annahme über das ungesteuerte Krebswachstum . In [2] geht George W. Swan davon aus, daß ohne therapeutische Einwirkung die Zahl $p = p(t)$ der Krebszellen sich zeitlich verändert nach einem Gesetz der Form

$$\dot{p}(t) = \lambda\, p(t)\, \ell n\, \frac{\theta}{p(t)} \tag{5.1}$$

mit einer Anfangsvorgabe $p(0) = p_0 > 0$.

Dieses Gesetz ist von der Form (4.14) mit $\mu(p(t))$ nach (4.16), wobei

$$\lambda_0 = \lambda(\ell n\,\theta - \ell n\, p_0) \quad \text{und} \quad \gamma = \lambda\,. \tag{5.2}$$

Wie wir in Abschnitt 4.1 gesehen haben, beschreibt das Gesetz (5.1) S-förmiges Wachstum zwischen den Grenzen p_0 und $\theta = p_0\, \exp(\frac{\lambda_0}{\lambda})$, wenn wir

$$\lambda_0 > \lambda > 0 \tag{5.3}$$

voraussetzen. Das soll für das Folgende geschehen. Um die medikamentöse Einwirkung auf das Krebswachstum modellmäßig zu beschreiben, wird in [2] davon ausgegangen, daß diese Einwirkung beschrieben werden kann in der Form $g(v(t)) \cdot p(t)$. Dabei ist $v(t)$ die

Dosis des Medikaments zur Zeit t und $g(v(t))$ ist die Zerstörungsrate pro Krebszelle und Zeiteinheit. Anstelle von (5.1) ergibt sich dann für das gesteuerte Krebswachstum die Differentialgleichung

$$\dot{p}(t) = [\lambda \, \ell n \, \frac{\theta}{p(t)} - g(v(t))] \, p(t) \, . \tag{5.4}$$

Über die Funktion $g = g(v)$ lassen sich natürlich nur Vermutungen anstellen oder Annahmen machen. Geht man davon aus, daß ihr Wert für $v = 0$ gleich Null sein sollte und daß sie sich monoton wachsend einem Grenzwert nähern sollte, so erscheint ein Ansatz der Form

$$g(v) = \frac{k_1 v}{k_2 + v} \tag{5.5}$$

mit positiven Konstanten k_1 und k_2 vernünftig. Damit geht (5.4) über in

$$\dot{p}(t) = [\lambda \, \ell n \, \frac{\theta}{p(t)} - \frac{k_1 v(t)}{k_2 + v(t)}] \, p(t) \, . \tag{5.6}$$

Die nächste Frage ist, wie man die medikamentöse Belastung des menschlichen Körpers mißt. Gibt man sich ein Zeitintervall $[0, T]$ vor, so ist der Wert

$$\int\limits_0^T C(t) \, dt \text{ mit } C(t) = \text{Konzentration des Medikaments im Körper zur Zeit } t$$

sicher ein vernünftiges quantitatives Maß. Da aber $C(t)$ nicht bekannt ist, wird in [2] statt dessen der Wert

$$I(v) = \int\limits_0^T v(t) \, dt \tag{5.7}$$

vorgeschlagen.

Um nun den Erfolg der therapeutischen Behandlung im Rahmen dieses mathematischen Modells abschätzen zu können, wird zunächst das folgende *Problem der optimalen Steuerung* betrachtet: Zu einem Zeitpunkt $T > 0$ wird ein Wert

$$p(T) = p_T \in (0, \theta) \tag{5.8}$$

vorgegeben. Gesucht ist eine (stetige) Steuerungsfunktion $v = v(t)$, $t \in [0, T]$ derart, daß die zugehörige Lösung $p = p(t)$ der Differentialgleichung (5.6) mit $p(0) = p_0 > 0$ die Bedingung (5.8) erfüllt und die durch (5.7) definierte medikamentöse Belastung $I(v)$ des menschlichen Körpers minimal ausfällt.

Ohne die Endbedingung (5.8), mit der man sich den Behandlungserfolg vorgibt, hat das Problem offenbar die triviale Lösung $v \equiv 0$, d.h. Unterlassung der Behandlung. Findet aber eine Behandlung statt, so kommt noch die Annahme

$$v(t) > 0 \quad \text{für alle} \quad t \in [0, T] \tag{5.9}$$

hinzu.

Das Problem wird nun nicht eigentlich gelöst, sondern es wird von der Existenz einer Lösung ausgegangen und mit Hilfe notwendiger Bedingungen für optimale Steuerungen hergeleitet, wie solche notwendig aussehen.

Zu dem Zweck werden zunächst neue Variable und Funktionen eingeführt vermöge der Definitionen

$$\tau = \lambda t \ , \quad y(\tau) = \ell n \, \frac{p(t)}{\theta} \ , \quad u(\tau) = \frac{v(t)}{k_2} \ . \tag{5.10}$$

Mit der Setzung $\delta = \frac{k_1}{\lambda}$ geht die Differentialgleichung (5.6) dann über in

$$y'(\tau) = \frac{dy}{d\tau}(\tau) = -y(\tau) - \frac{\delta u(\tau)}{1 + u(\tau)} \ , \tag{5.11}$$

und die zugehörigen Anfangs- und Endbedingungen lauten

$$y(0) = y_0 = \ell n \, \frac{p_0}{\theta} \ , \quad y(\lambda T) = y_T = \ell n \, \frac{p_T}{\theta} \ . \tag{5.12}$$

Gesucht ist eine Funktion $u \in C[0, \lambda T]$ mit

$$u(\tau) > 0 \quad \text{für alle} \quad \tau \in [0, \lambda T] \tag{5.13}$$

derart, daß (5.11) und (5.12) erfüllt sind und

$$J(u) = \int\limits_0^{\lambda T} u(\tau) \, d\tau$$

minimal ausfällt.

Aus den notwendigen Bedingungen für optimale Steuerungen (siehe z.B. [1]) leitet man nun her, daß eine Lösung dieses Problems notwendig von der Form

$$u(\tau) = C e^{\frac{\tau}{2}} - 1 \ , \quad \tau \in [0, \lambda T], \tag{5.14}$$

ist mit $C > 1$. Die zugehörige Lösung $y = y(\tau)$ von (5.11) mit $y(0) = y_0$ lautet

$$\begin{aligned}
y(\tau) &= y_0 \, e^{-\tau} - \int\limits_0^\tau \frac{\delta u(s)}{1 + u(s)} \, e^{s-\tau} \, ds \\
&= y_0 \, e^{-\tau} - \frac{\delta}{C} \int\limits_0^\tau (C - e^{\frac{s}{2}}) \, e^s \, ds \, e^{-\tau} \\
&= -\delta + (y_0 + \delta) \, e^{-\tau} + \frac{2\delta}{C} (e^{\frac{-\tau}{2}} - e^{-\tau}) \ ,
\end{aligned}$$

und es folgt

$$y(\tau) < -\delta + (y_0 + \delta) \, e^{-\tau} + 2\delta (e^{-\frac{\tau}{2}} - e^{-\tau}) \ .$$

Wir machen nun die Annahme

$$y_0 + \delta > 0 \ , \tag{5.15}$$

welche wegen $\lim\limits_{\tau\to\infty} y(\tau) = -\delta$ vernünftig erscheint. Dann folgt

$$-\delta < y(\lambda T) < y_0 \;, \tag{5.16}$$

sofern $T > 0$ hinreichend groß gewählt wird, und für jede Wahl $y_T \in (-\delta, y_0)$ ist die Bedingung $y(\lambda T) = y_T$ durch passende Wahl von $C > 1$ in (5.14) auch erfüllbar.

Ergebnis: Jede optimale Steuerung hat notwendig die Gestalt (5.14) mit $C > 1$, und führt unter der Annahme (5.15) und $y_T \in (-\delta, y_0)$ für hinreichend großes $T > 0$ auch zu einer Lösung von (5.11), (5.12). Aus (5.16) ergibt sich aber, daß der Wert $y(\lambda T)$ stets größer ist als $-\delta$ und damit der Wert $p(T) = \theta\, e^{y(\lambda T)}$ stets größer als $\theta\, e^{-\delta}$.

Zurückversetzt in die Sprache der Medizin, besagt dieses Ergebnis: Im Rahmen des durchgeführten Gedankenexperimentes kann eine Dauertherapie, die mit möglichst großer Schonung (d.h. minimaler medikamentöser Belastung) durchgeführt wird, nicht zu einer beliebig großen Verminderung der Krebszellenzahl führen.

Die Implikation dieses Gedankenexperimentes ist für den Mediziner zweifellos schwerwiegend; denn sie bedeutet die Aufgabe des Gedankens an eine schonende chemotherapeutische Dauerbehandlung von Krebs, da die erhöhte Belastung keinen hundertprozentigen Heilerfolg garantiert. Es ist auch sehr die Frage, ob er dieses mathematische Modell mit seinen zahlreichen Annahmen, die ihm willkürlich und wenig einleuchtend, wenn nicht gar unverständlich, erscheinen, überhaupt akzeptiert. Aber auch für einen Mathematiker ist dieses Modell unbefriedigend. Es macht den Eindruck, so konstruiert zu sein, daß explizite Lösungen angegeben werden können. Interessant wäre die Frage, zu welcher Antwort man z.B. käme, wenn man anstelle von (5.1) ein anderes Gesetz für S-förmiges Wachstum zugrundelegt. Befriedigender wäre insgesamt ein Modell, bei dem das Wachstumsgesetz für die Krebszellen und auch die Zerstörungsrate $g = g(v)$ nicht durch spezielle Ansätze festgelegt, sondern nur durch allgemeine Eigenschaften gekennzeichnet wären. Wir wollen daher im folgenden anstelle von (5.1) ein Wachstumsgesetz der Form (4.14) zugrundelegen, wobei wir die folgenden Annahmen machen:

$$\mu(p) > 0 \quad\text{und}\quad \mu'(p) = \tfrac{d\mu}{dp}(p) < 0 \quad\text{für alle}\quad p \in (0, p_m)$$

$$\text{und ein gewisses } p_m > 0 \text{ sowie } \mu(p_m) = 0.$$

Als Anfangsbedingung gelte

$$p(0) = p_0 \;, \tag{5.17}$$

wobei $p_0 \in (0, p_m)$ eine vorgegebene Krebszellenzahl zur Zeit $t = 0$ ist.

Der zeitliche Verlauf von $p = p(t)$ ergibt sich aus der zu (4.14), (5.17) äquivalenten Integralgleichung

$$\int_{p_0}^{p(t)} \frac{dq}{\mu(q)\, q} = t$$

für $p(t) \in [p_0, p_m]$ und $t \in [0, \infty)$. Aus dieser liest man ab, daß gilt

$$\lim_{t\to\infty} p(t) = p_m \;,$$

so daß sich folgendes Bild ergibt:

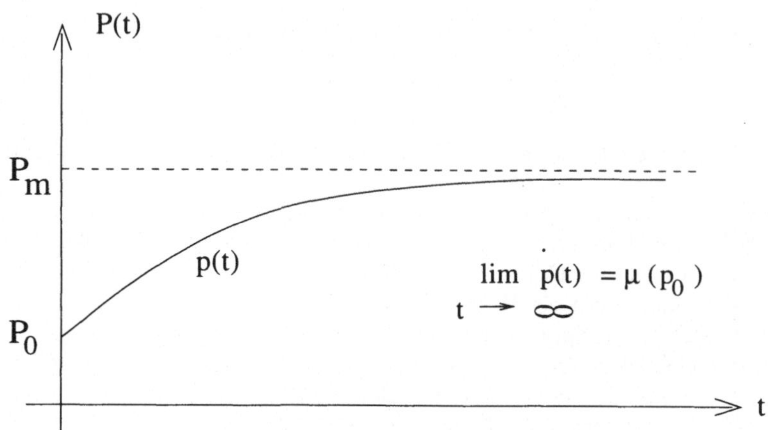

Auch für die durch (5.5) definierte Zerstörungsrate wollen wir allgemeiner eine Funktion $g : I\!R_+ \to I\!R_+$ wählen, über die wir die folgenden Annahmen machen:

$$g(0) = 0 \quad \text{und} \quad g(v) \leq k_1 \quad \text{für alle} \quad v \geq 0 \tag{5.18}$$

$$g'(v) > 0 \quad \text{und} \quad g''(v) < 0 \quad \text{für alle} \quad v \geq 0 \,. \tag{5.19}$$

Dabei ist $k_1 > 0$ eine vorgegebene Konstante.

Die durch (5.5) definierte Funktion $g : I\!R_+ \to I\!R_+$ hat alle diese Eigenschaften, die aber bis auf

$$g''(v) < 0 \quad \text{für alle} \quad v \geq 0 \tag{5.20}$$

einleuchtend erscheinen; denn sie besagen, daß die Zerstörungsrate $g(v)$ vom anfänglichen Wert $g(0) = 0$ monoton mit $v \geq 0$ wächst und dabei unter einem Maximalwert $k_1 > 0$ bleibt. Die Bedingung (5.20) besagt, daß die Funktion $g : I\!R_+ \to I\!R_+$ überdies konkav (bzgl. der v-Achse) ist, so daß sich folgendes Bild ergibt:

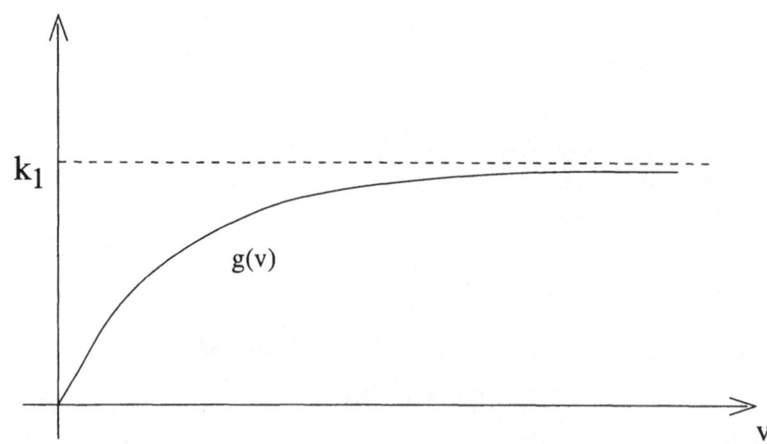

Wir wiederholen noch einmal das oben formulierte

Problem der optimalen Steuerung: Vorgegeben seien $T > 0$ als Therapiezeitraum und $p_T > 0$ mit $p_T < p_0$ als Therapieziel. Gesucht ist eine Steuerungsfunktion $v \in C[0,T]$ (= Raum der stetigen reellwertigen Funktionen auf $[0,T]$) mit

$$v(t) > 0 \quad \text{für alle} \quad t \in [0,T]$$

derart, daß die zugehörige Lösung $p = p(t)$ von

$$\dot{p}(t) = [\mu(p(t)) - g(v(t))]\, p(t) \tag{5.21}$$

für $t \in (0,T]$, welche der Anfangsbedingung (5.17) genügt, die Endbedingung

$$p(T) = p_T \tag{5.22}$$

erfüllt und

$$J(v) = \int_0^T v(t)\, dt$$

minimal ausfällt (möglichst schonende Therapie).

Wir gehen wieder von der Existenz eines optimalen Paares $(\hat{p}, \hat{v}) \in C^1[0,T] \times C[0,T]$ ($C^1[0,T]$ = Raum der auf $[0,T]$ einmal stetig differenzierbaren reellwertigen Funktionen) aus und wollen für dieses notwendige Bedingungen ableiten, aus denen wir hoffentlich genügend Informationen über eine optimale Therapie ableiten können. Aus einer sog. Multiplikatorenregel als notwendiger Bedingung für optimale Steuerungen (vgl. wieder [1]) leitet man die Existenz einer Funktion $\hat{\lambda} \in C^1[0,T]$ und einer Zahl $\hat{\lambda}_0 > 0$ ab derart, daß gilt

$$\dot{\hat{\lambda}}(t) = [\mu'(\hat{p}(t))\,\hat{p}(t) + \mu(\hat{p}(t)) - g(\hat{v}(t))]\,\hat{\lambda}(t) \tag{5.23}$$

für alle $t \in (0,T)$ und

$$-g'(\hat{v}(t))\,\hat{p}(t)\,\hat{\lambda}(t) = \hat{\lambda}_0 \tag{5.24}$$

für alle $t \in [0,T]$.

Definieren wir

$$\tilde{\lambda} = \hat{p}(t)\,\hat{\lambda}(t) \quad \text{für} \quad t \in [0,T]\,,$$

so erhalten wir aus (5.23) (unter Benutzung von (5.21))

$$\dot{\tilde{\lambda}}(t) = -\mu'(\hat{p}(t))\,\hat{p}(t)\,\tilde{\lambda}(t) \quad \text{für alle} \quad t \in (0,T)\,, \tag{5.25}$$

und (5.24) geht über in

$$-g'(\hat{v}(t))\,\tilde{\lambda}(t) = \hat{\lambda}_0 \quad \text{für alle} \quad t \in [0,T]\,. \tag{5.26}$$

Aus (5.25) folgt

$$\tilde{\lambda}(t) = \tilde{\lambda}(0)\,\exp(-\int_0^t \mu'(\hat{p}(s))\,\hat{p}(s)\,ds)\,,\quad t \in [0,T],$$

mit $\tilde{\lambda}(0) = -\dfrac{\tilde{\lambda}}{g'(0)} < 0.$

Aus (5.26) folgt

$$\begin{aligned} g'(\hat{v}(t)) &= -\frac{\hat{\lambda}_0}{\tilde{\lambda}(t)} = -\frac{\hat{\lambda}_0}{\tilde{\lambda}(0)}\,\exp(\int_0^t \tilde{\lambda}(0)\,\exp(\int_0^t \mu'(\hat{p}(s))\,\hat{p}(s)\,ds) \\ &= D\,\exp(\int_0^t \mu'(\hat{p}(s))\,\hat{p}(s)\,ds) \end{aligned}$$

für alle $t \in [0,T]$ mit

$$D = -\frac{\hat{\lambda}_0}{\tilde{\lambda}(0)} > 0\,.$$

Ist $f : g'(I\!R_+) \to I\!R_+$ die Umkehrfunktion von $g' : I\!R_+ \to I\!R_+$, so folgt

$$\hat{v}(t) = f(D\,\exp(\int_0^t \mu'(\hat{p}(s))\,\hat{p}(s)\,ds))\,,\quad t \in [0,T]\,. \tag{5.27}$$

Wegen $g'(\hat{v}(0)) = D$ ergibt sich aus (5.19) noch weiter

$$D < g'(0) \tag{5.28}$$

als weitere notwendige Bedingung.

Eine optimale Therapie $\hat{v} = \hat{v}(t)$ ist also notwendig von der Form (5.27), wobei die positive Konstante D noch der Bedingung (5.28) genügen muß.

Hieran kann man schon einiges ablesen:

1) Im allgemeinen ist die optimale Therapie $\hat{v}(t)$ rückgekoppelt an die zugehörige Tumorgröße $\hat{p}(t)$ zum Zeitpunkt t, es sei denn, das untherapierte Tumorwachstum wäre so, daß gelte

$$\mu'(\hat{p}(s))\,\hat{p}(s) = \delta = \text{konstant für } s \in [0,T]\,.$$

Das ist gerade beim Gompertzschen Wachstumsgesetz (5.1) der Fall, bei dem man

$$\mu'(p)\,p = -\gamma \quad (\text{vgl. (5.2)}) \text{ für alle } p \in (0,\infty)$$

erhält und somit

$$\hat{v}(t) = f(De^{-\gamma t})\,,\quad t \in [0,T]\,.$$

2) Da $g'(\hat{v}(t))$ mit wachsendem t (wegen $\mu'(\hat{p}(s))\,\hat{p}(s) < 0$ für alle $s \in [0,T]$) monoton abnimmt und f ebenfalls eine monoton abnehmende Funktion ist, nimmt $\hat{v}(t)$ mit wachsendem t zu.

Wählt man speziell die Zerstörungsrate $g : I\!R_+ \to I\!R_+$ nach (5.5), so erhält man

$$g'(v) = \frac{k_1\,k_2}{(k_2 + v)^2} \quad \text{für } v \geq 0 \ ,$$

mithin $g'(0) = \frac{k_1}{k_2}$ und

$$f(w) = \sqrt{\frac{k_1 k_2}{w}} - k_2$$

für alle $w \in g'(I\!R_+) = (0, \frac{k_1}{k_2}]$.

Daraus ergibt sich im Falle des Gompertzschen Wachstumsgesetzes

$$\hat{v}(t) = \sqrt{\frac{k_1 k_2}{D}}\, e^{\gamma t} - k_2 \quad \text{für alle } t \in [0,T] \ ,$$

und die Bedingung (5.28) ist gleichwertig mit

$$\hat{v}(t) > 0 \quad \text{für alle } \ t \in [0,T] \ .$$

Die Frage, für welche $T > 0$ und $p_T \in (0, p_0)$ die Endbedingung $\hat{p}(T) = p_T$ erfüllt werden kann, läßt sich für das allgemeine Modell nicht so einfach beantworten wie im Falle des Gompertzschen Wachstumsgesetzes und der Wahl von g gemäß (5.5). Immerhin läßt sich aber für das allgemeine Modell eine notwendige Bedingung für die Wahl von p_T angeben. Zu dem Zweck gehen wir wieder aus von der Differentialgleichung (5.21) mit der Anfangsbedingung (5.17), wobei $v \in C[0,T]$ mit $v > 0$ auf $[0,T]$ beliebig gewählt sei. Gesucht ist $p \in C^1[0,T]$ mit $p(t) \in (0, p_0]$ für alle $t \in [0,T]$, das (5.21) löst und die Anfangsbedingung $p(0) = p_0$ erfüllt.

Wegen $\mu(p_0) < \mu(p(t))$ für alle $t \in (0,T]$ und $g(v) \leq k_1$ für alle $v > 0$ gilt für jedes derartige $p \in C^1[0,T]$ notwendig

$$\dot{p}(t) > (\mu(p_0) - k_1)\,p(t) \quad \text{für alle } \ t \in (0,T] \ ,$$

woraus

$$p(t) > p_0\, e^{(\mu(p_0)-k_1)T} \quad \text{für alle } \ t \in (0,T]$$

folgt. Das ist nur möglich für $\mu(p_0) < k_1$ und führt dann zu der notwendigen Bedingung

$$p_T > p_0\, e^{(\mu(p_0)-k_1)T} \ .$$

5.2 Optimale Insulinsteuerung bei der Diabetes Mellitus

5.2.1 Das Modell

Die Diabetes Mellitus kommt bekanntlich dadurch zustande, daß das Hormon Insulin in nicht genügender Menge von der Pankreas erzeugt wird und auf diese Weise nicht ausreichend dafür sorgt, daß die Glucose vom Blut in die Körperzellen übergeht oder in der Leber als Glycogen gespeichert wird. Für die zeitliche Entwicklung der Glucosekonzentration $G = G(t)$, $t = $ Zeit, und der Hormonkonzentration $H = H(t)$ geht man in einem mathematischen Modell von den folgenden Differentialgleichungen aus:

$$\begin{aligned}
\dot{G}(t) &= f_1(G(t), H(t)) + p(t) \ , \\
\dot{H}(t) &= f_2(G(t), H(t)) \ ,
\end{aligned} \tag{5.29}$$

wobei $p = p(t)$ den Anstieg der Blutglucosekonzentration durch Zuckeraufnahme bezeichnet. Es wird nun angenommen, daß sich ohne Zuckeraufnahme, d.h. für $p \equiv 0$, zwei sog. Fastenmittelwerte G_0 und H_0 von G und H einstellen, die den Gleichungen

$$f_1(G_0, H_0) = 0 \quad \text{und} \quad f_2(G_0, H_0) = 0 \tag{5.30}$$

genügen.

Weiter wird angenommen, daß G bzw. H nicht allzusehr von G_0 bzw. H_0 abweichen, und die Differenzfunktionen

$$g(t) = G(t) - G_0 \ , \quad h(t) = H(t) - H_0 \tag{5.31}$$

werden eingeführt.

Durch Linearisierung von (5.29) erhält man dann für g und h die Differentialgleichungen

$$\begin{aligned}
\dot{g}(t) &= -m_1 g(t) - m_2 h(t) + p(t) \ , \\
\dot{h}(t) &= -m_3 h(t) + m_4 g(t) \ ,
\end{aligned} \tag{5.32}$$

wobei gilt

$$\begin{aligned}
m_1 &= -\frac{\partial f_1}{\partial g}(G_0, H_0) > 0 \ , \quad m_2 = -\frac{\partial f_1}{\partial h}(G_0, H_0) > 0 \\
m_3 &= -\frac{\partial f_2}{\partial h}(G_0, H_0) > 0 \ , \quad m_4 = -\frac{\partial f_2}{\partial g}(G_0, H_0) > 0 \ .
\end{aligned} \tag{5.33}$$

m_1 ist positiv, weil im Falle $h = p \equiv 0$ die Glucosekonzentration im Blut durch Übergang von Glucose in die Zellen und Abspeicherung in der Leber abnimmt. m_2 ist positiv, weil durch das Vorhandensein von Insulin im Falle $h > 0$ die Glucoseabnahme noch gefördert wird. m_3 ist positiv, da im Falle $g \equiv 0$ die Insulinkonzentration infolge der Stoffumwandlung abnimmt. m_4 ist positiv, da im Falle $g > 0$ die Hormonerzeugung in der Pankreas mit wachsendem g stärker angeregt wird.

Bei einem Diabetiker wird nun davon ausgegangen, daß keine Hormonerzeugung angeregt wird, was in diesem Modell nur möglich ist, wenn man $m_4 = 0$ setzt. In diesem Fall nimmt die Insulinkonzentration exponentiell ab gemäß

$$h(t) = h(0)\, e^{-m_3 t} \quad \text{für} \quad t \geq 0 \; .$$

Der Einfluß von $m_2\, h(t)$ in der ersten Gleichung von (5.32) auf den Glucoseabbau im Blut geht rapide zurück, und der Einfluß der externen Glucosezufuhr, beschrieben durch $p(t)$, wird dominant. Um ein Überhandnehmen der Glucose im Blut zu verhindern, wird erstens die Glucosezufuhr annulliert, d.h. $p \equiv 0$ gesetzt, und zweitens dem Körper Insulin in einer zeitabhängigen Konzentration $u = u(t)$ zugeführt. Setzt man $x_1 \equiv g$, $x_2 \equiv h$, so ergeben sich anstelle von (5.32) die Gleichungen

$$\begin{aligned}
\dot{x}_1(t) &= -m_1\, x_1(t) - m_2\, x_2(t) \; , \\
\dot{x}_2(t) &= -m_3\, x_2(t) + u(t) \; , \quad t > 0 \; .
\end{aligned} \qquad (5.34)$$

Dazu kommen Anfangsbedingungen der Form

$$x_1(0) = g_0 \; , \quad x_2(0) = h_0 \qquad (5.35)$$

mit vorgegebenen Werten $g_0, h_0 > 0$.

Innerhalb eines Zeitintervalles $[0, T]$ gibt man sich nun einen mittleren Glucosespiegel g_d vor, von dem man möglichst wenig abweichen und dabei mit möglichst wenig Insulineinspritzung auskommen will. Als Gütemaß wird

$$J(u) = \int\limits_0^T (x_1(t, u) - g_d)^2 + \rho u(t)^2 \, dt \qquad (5.36)$$

gewählt. Dabei ist $x_1(\cdot, u)$ die zu u gehörige Lösung von (5.34), (5.35) und $\rho > 0$ ein geeigneter Gewichtsfaktor. Die Steuerung u ist nun, etwa in $C[0, T]$, so zu wählen, daß der Wert (5.36) minimal ausfällt.

5.2.2 Zur näherungsweisen Lösung des Modell-Problems

Wir betrachten noch einmal das Problem, das Funktional (5.36) unter den Nebenbedingungen (5.34), (5.35) zu minimieren. Zunächst bemerken wir, daß für jedes $u \in C[0, T]$ die eindeutige Lösung $x_2 = x_2(t)$ der zweiten Gleichung in (5.34) und der Anfangsbedingung $x_2(0) = h_0$ gegeben ist in der Form

$$x_2(t) = e^{-m_3 t}\{h_0 + \int\limits_0^t e^{m_3 s}\, u(s)\, ds\} \; .$$

Einsetzen in die erste Gleichung von (5.34) liefert

$$\dot{x}_1(t) = -m_1\, x_1(t) - m_2\, e^{-m_3 t}\{h_0 + \int\limits_0^t e^{m_3 s}\, u(s)\, ds\} \; .$$

Diese Gleichung, in Verbindung mit der Anfangsbedingung $x_1(0) = g_0$, hat die eindeutige Lösung

$$\begin{aligned}
x_1(t) &= e^{-m_2 t}\{g_0 - m_2 \int_0^t e^{(m_1-m_3)s}\{h_0 + \int_0^s e^{m_3\tau} u(\tau)\, d\tau\}\, ds\} \\
&= e^{-m_1 t}\{g_0 - m_2 h_0 \int_0^t e^{(m_1-m_3)s}\, ds\} \\
&\quad - e^{-m_1 t} m_2 \int_0^t e^{(m_1-m_3)s} \int_0^s e^{m_3\tau} u(\tau)\, d\tau\, ds\ .
\end{aligned}$$

Wir nehmen an, es sei $m_1 \neq m_3$. Dann ergibt sich

$$\int_0^t e^{(m_1-m_3)s}\, ds = \frac{1}{m_1 - m_3}\,(e^{(m_1-m_3)t} - 1)$$

und

$$\begin{aligned}
&\int_0^t e^{(m_1-m_3)s} \int_0^s e^{m_3\tau} u(\tau)\, ds \\
&= \int_0^s e^{(m_1-m_3)\tau}\, d\tau \int_0^s e^{m_3\tau} u(\tau)\, d\tau \Big|_0^t - \int_0^t \int_0^s e^{(m_1-m_3)\tau}\, d\tau\, e^{m_3 s} u(s)\, ds \\
&= \int_0^t e^{(m_1-m_3)\tau}\, d\tau \int_0^t e^{m_3 s} u(s)\, ds - \int_0^t \int_0^s e^{(m_1-m_3)\tau}\, d\tau\, e^{m_3 s} u(s)\, ds \\
&= \int_0^t \int_s^t e^{(m_1-m_3)\tau}\, d\tau\, e^{m_3 s} u(s)\, ds \\
&= \frac{1}{m_1 - m_3} \int_0^t (e^{(m_1-m_3)(t-s)} - 1)\, e^{m_1 s} u(s)\, ds\ .
\end{aligned}$$

Definiert man

$$x_1^0(t) = e^{-m_1 t}\{g_0 - \frac{m_2 h_0}{m_1 - m_3}\,(e^{(m_1-m_3)t} - 1)\}$$

und

$$K(t - s) = \frac{m_2}{m_1 - m_3}\,(e^{(m_1-m_3)(t-s)} - 1)\, e^{-m_1(t-s)}\ ,$$

so ergibt sich

$$x_1(t) = x_1^0(t) - \int_0^t K(t - s)\, u(s)\, ds\ .$$

Einsetzen in (5.36) für $g_d = 0$ liefert

$$J(u) = \int_0^T (x_1^0(t) - \int_0^t K(t-s)\,u(s)\,ds)^2 + \rho u(t)^2\,dt \ .$$

Das zu lösende Problem besteht also darin, ein $u \in C[0,T]$ anzugeben, das dieses Funktional zum Minimum macht. Um dieses Problem näherungsweise zu lösen, ersetzen wir den Raum $C[0,T]$ aller stetigen reellwertigen Funktionen auf $[0,T]$ durch einen geeigneten n-dimensionalen Teilraum U_n, der aufgespannt wird von den Funktionen $u_1,\ldots,u_n \in C[0,T]$, d.h. aus allen Linearkombinationen

$$u(t) = \sum_{j=1}^n \alpha_j\,u_j(t)\ ,\ t \in [0,T]\ ,$$

besteht. Einsetzen in $J(u)$ liefert dann

$$f(\alpha_1,\ldots,\alpha_n) = J(\sum_{j=1}^n \alpha_j\,u_j)$$
$$= \int_0^T (x_1^0(t) - \sum_{j=1}^n w_j(t)\,\alpha_j)^2 + \rho(\sum_{j=1}^n u_j(t)\,\alpha_j)^2\,dt\ ,$$

wenn man für $j = 1,\ldots,n$

$$w_j(t) = \int_0^t K(t-s)\,u_j(s)\,ds\ ,\quad t \in [0,T]$$

definiert. Anstelle eines $\hat{u} \in C[0,T]$ mit

$$J(\hat{u}) \leq J(u)\quad \text{für alle}\quad u \in C[0,T]$$

wird nun ein Vektor $\hat{\alpha} = (\hat{\alpha}_1,\ldots,\hat{\alpha}_n)^T \in I\!\!R^n$ bestimmt mit

$$f(\hat{\alpha}) \leq f(\alpha)\quad \text{für alle}\quad \alpha \in I\!\!R^n$$

und $\hat{u}$ näherungsweise durch $\sum_{j=1}^n \hat{\alpha}_j\,u_j$ ersetzt. Notwendig und hinreichend für $\hat{\alpha} \in I\!\!R^n$ sind die Bedingungen

$$f_{\alpha_j}(\hat{\alpha}) = 2\int_0^T (x_1^0(t) - \sum_{k=1}^n w_k(t)\,\hat{\alpha}_k)(-w_j(t)) + \rho(\sum_{k=1}^n u_k(t)\,\hat{\alpha}_k)\,u_j(t)\,dt = 0$$

für $j = 1,\ldots,n$. Diese sind gleichbedeutend mit dem linearen Gleichungssystem

$$\sum_{k=1}^n [\int_0^T \rho u_j(t)\,u_k(t) + w_j(t)\,w_k(t)\,dt]\,\hat{\alpha}_k = \int_0^T x_1^0(t)\,w_j(t)\,dt$$

für $j = 1, \ldots, n$.

Wegen der (Symmetrie und) positiven Definitheit der Matrix

$$B = (B_{jk}) , \quad B_{jk} = \int_0^T \rho u_j(t) u_k(t) + w_j(t) w_k(t) \, dt , \quad j, k = 1, \ldots, n ,$$

hat dieses Gleichungssystem auch stets eine eindeutige Lösung $(\hat{\alpha}_1, \ldots, \hat{\alpha}_n)$. Aus dieser erhalten wir

$$x_1(t) = x_1^0(t) - \sum_{j=1}^n \hat{\alpha}_j \, w_j(t) = x_1^0(t) - \int_0^T K(t-s) \, \hat{u}(s) \, ds ,$$

wobei

$$\hat{u}(t) = \sum_{j=1}^n \hat{a}_j \, u_j(t)$$

ist. Weiter ergibt sich

$$\int_0^T (x_1^0(t) - \sum_{k=1}^n w_k(t) \hat{\alpha}_k)(- \sum_{j=1}^n w_j(t) \hat{\alpha}_j) + \rho(\sum_{k=1}^n u_k(t) \hat{\alpha}_k)^2 \, dt = 0$$

und daraus

$$J(\hat{u}) = \int_0^T (x_1^0(t) - \sum_{k=1}^n \hat{\alpha}_k \, w_k(t)) \, x_1^0(t) \, dt .$$

Beispiel: $n = 2$, $u_1(t) = 1$, $u_2(t) = t$, $t \in [0, T]$. Wir wählen $h_0 = 0$. Dann ist

$$x_1^0(t) = e^{-m_1 t} g_0 \quad \text{für} \quad t \in [0, T] .$$

Weiter ist

$$\begin{aligned}
w_1(t) &= \frac{m_2}{m_1 - m_3} \int_0^t e^{-m_3(t-s)} - e^{-m_1(t-s)} \, ds \\
&= \frac{m_2}{m_1 - m_3} \left(\frac{1}{m_3} - \frac{1}{m_1} - \frac{1}{m_3} e^{-m_3 t} + \frac{1}{m_1} e^{-m_1 t} \right)
\end{aligned}$$

und

$$\begin{aligned}
w_2(t) &= \frac{m_2}{m_1 - m_3} \int_0^t (e^{-m_3(t-s)} - e^{-m_1(t-s)}) s \, ds \\
&= \frac{m_2}{m_1 - m_3} \left[\frac{t}{m_3} - \frac{t}{m_1} - \frac{1}{m_3^2}(1 - e^{-m_3 t}) + \frac{1}{m_1^2}(1 - e^{-m_1 t}) \right] .
\end{aligned}$$

Wählt man $\rho = 1$, so ist das lineare Gleichungssystem

$$\begin{aligned}
(T + \int_0^T w_1(t)^2 \, dt) \, \hat{\alpha}_1 + (\tfrac{T^2}{2} + \int_0^T w_1(t) w_2(t) \, dt) \, \hat{\alpha}_2 &= \int_0^T e^{-m_1 t} g_0 \, w_1(t) \, dt , \\
(\tfrac{T^2}{2} + \int_0^T w_1(t) w_2(t) \, dt) \, \hat{\alpha}_1 + (\tfrac{T^3}{3} + \int_0^T w_2(t)^2 \, dt) \, \hat{\alpha}_2 &= \int_0^T e^{-m_1 t} g_0 \, w_2(t) \, dt
\end{aligned}$$

zu lösen, um die optimale Steuerung

$$\hat{u}(t) = \hat{\alpha}_1 + \hat{\alpha}_2 t$$

und die zugehörige Glucosekonzentration

$$\begin{aligned}
x_1(t) &= e^{-m_1 t} g_0 + \frac{\hat{\alpha}_2 m_2}{m_1 - m_3}\left(\frac{1}{m_3} - \frac{1}{m_1} - \frac{1}{m_3} e^{-m_3 t} + \frac{1}{m_1} e^{-m_1 t}\right) \\
&+ \frac{\hat{\alpha}_2 m_2}{m_1 - m_3}\left\{\frac{t}{m_3} - \frac{t}{m_1} - \frac{t}{m_3^2}\left(1 - e^{-m_3 t}\right) + \frac{1}{m_1^2}\left(1 - e^{-m_1 t}\right)\right\}
\end{aligned}$$

zu erhalten.

5.2.3   Ein zeitdiskretes Diabetes-Modell

Um zu einem zeitdiskreten Modell zu gelangen, führen wir eine Zeitschrittweite $\Delta t > 0$ ein derart, daß für ein passendes $N \in I\!N$ gilt $N \cdot \Delta t = T$, und ersetzen die Ableitungen $\dot{x}_1(t)$ bzw. $\dot{x}_2(t)$ in (5.34) durch Differenzenquotienten

$$\frac{x_1(t + \Delta t) - x_1(t)}{\Delta t} \quad \text{bzw.} \quad \frac{x_2(t + \Delta t) - x_2(t)}{\Delta t} .$$

Dann können wir (5.34) mit den Definitionen $t_k = k \cdot \Delta t$, $x_1^k = x_1(t_k)$, $x_2^k = x_2(t_k)$ und $u^k = u(t_k)$ für $k = 0, \ldots, N$ umschreiben in

$$\begin{aligned}
x_1^{k+1} &= (1 - m_1 \Delta t)\, x_1^k - m_2 \Delta t\, x_2^k \,, \\
x_2^{k+1} &= (1 - m_3 \Delta t)\, x_2^k + \Delta t \cdot u^k \\
&\text{für} \quad k = 0, \ldots, N - 1 \,.
\end{aligned} \tag{5.37}$$

Vorgegeben sind die Werte

$$x_1^0 = g_0 \quad \text{und} \quad x_2^0 = h_0 \,, \tag{5.38}$$

aus denen man gemäß (5.37) bei ebenfalls vorgegebenem Vektor $(u^0, \ldots, u^{N-1})$ in eindeutiger Weise die Vektoren $(x_1^1, \ldots, x_1^N)$ und $(x_2^1, \ldots, x_2^N)$ ermitteln kann. Das Gütemaß (5.36) ersetzen wir durch

$$J_N(x_1^1, \ldots, x_1^N, u^0, \ldots, u^{N-1}) = \sum_{k=0}^{N-1} \left[(x_1^{k+1} - g_d^{k+1})^2 + \rho(u^k)^2\right] , \tag{5.39}$$

wobei $g_d^k = g_d(t_k)$ die Werte für einen erwünschten mittleren Glucosespiegel zu den Zeitpunkten t_k sind.

Gesucht ist ein Vektor $(u^0, \ldots, u^{N-1})$ von Insulinkonzentrationen, die dem Körper zu den Zeitpunkten $t_0, \ldots, t_{N-1}$ zugeführt werden derart, daß für die sich aus (5.37), (5.38) ergebenden Glucosekonzentrationen x_1^k zu den Zeitpunkten $t_1, \ldots, t_N$ der Wert des Gütemaßes (5.39) so klein wie möglich ausfällt.

Zur Lösung dieses Problems verwenden wir die Lagrangesche Multiplikatorenregel . Dazu schreiben wir die Differenzengleichungen (5.37) in der Form

$$g_1(x_1^{k+1}, x_1^k, x_2^k) = x_1^{k+1} - (1 - m_1\,\Delta t)\,x_1^k - m_2\,\Delta t\,x_2^k = 0 \ ,$$

$$g_2(x_2^{k+1}, x_2^k, u^k) = x_2^{k+1} - (1 - m_3\,\Delta t)\,x_2^k - \Delta t\,u_k = 0 \tag{5.40}$$

$$\text{für} \quad k = 0, \ldots, N-1$$

und denken uns für $k = 0$ die Werte $x_1^0 = g_0$ und $x_2^0 = h_0$ eingesetzt. Dann definieren wir die Lagrange-Funktion durch

$$L(x_1^1, \ldots, x_1^N, x_2^1, \ldots, x_2^N, u^0, \ldots, u^N, \lambda_1^1, \ldots, \lambda_1^N, \lambda_2^1, \ldots, \lambda_2^N)$$

$$= J_N(x_1^1, \ldots, x_1^N, u^0, \ldots, u^{N-1}) + \sum_{k=0}^{N-1} \lambda_1^{k+1}\, g_1(x_1^{k+1}, x_1^k, x_2^k)$$

$$+ \sum_{k=0}^{N-1} \lambda_2^{k+1}\, g_2(x_2^{k+1}, x_2^k, u^k) \ ,$$

wobei λ_1^k, λ_2^k für $k = 1, \ldots, N$ die sog. Lagrangeschen Multiplikatoren sind.

Die Lagrangesche Multiplikatorenregel lautet dann wie folgt:

Sind für $\hat{x}_1^{k+1}, \hat{x}_2^{k+1}, \hat{u}^k$, $k = 0, \ldots, N-1$, die Bedingungen (5.40) erfüllt, so ist $J_N(\hat{x}_1^1, \ldots, \hat{x}_1^N, \hat{u}^0, \ldots, \hat{u}^{N-1})$ minimal, wenn es Multiplikatoren $\hat{\lambda}_1^{k+1}, \hat{\lambda}_2^{k+1}$, $k = 0, \ldots, N-1$ gibt mit

$$\left. \begin{array}{rcl} \frac{\partial L}{\partial x_1^{k+1}}(\hat{x}_1, \hat{x}_2, \hat{u}, \hat{\lambda}_1, \hat{\lambda}_2) &=& 0 \ , \\[2mm] \frac{\partial L}{\partial x_2^{k+1}}(\hat{x}_1, \hat{x}_2, \hat{u}, \hat{\lambda}_1, \hat{\lambda}_2) &=& 0 \ , \\[2mm] \frac{\partial L}{\partial u^k}(\hat{x}_1, \hat{x}_2, \hat{u}, \hat{\lambda}_1, \hat{\lambda}_2) &=& 0 \ , \end{array} \right\} \text{für} \quad k = 0, \ldots, N-1 \ .$$

In ausführlicher Form lauten diese Bedingungen:

$$\left. \begin{array}{rcl} 2(\hat{x}_1^{k+1} - g_d^{k+1}) + \hat{\lambda}_1^{k+1} - (1 - m_1\,\Delta t)\,\hat{\lambda}_1^{k+2} &=& 0 \ , \\[2mm] -m_2\,\Delta t\,\hat{\lambda}_1^{k+2} + \hat{\lambda}_2^{k+1} - (1 - m_3\,\Delta t)\,\hat{\lambda}_2^{k+2} &=& 0 \ , \\[2mm] 2\rho\,\hat{u}^k - \Delta t\,\hat{\lambda}_2^{k+1} &=& 0 \ , \end{array} \right\} k = 0, \ldots, N-1 \ , \tag{5.41}$$

wobei $\hat{\lambda}_1^{N+1} = \hat{\lambda}_2^{N+1} = 0$ zu setzen ist.

Hinzu kommen die Bedingungen

$$\left. \begin{array}{rcl} \hat{x}_1^{k+1} - (1 - m_1\,\Delta t)\,\hat{x}_1^k - m_2\,\Delta t\,\hat{x}_2^k &=& 0 \ , \\[2mm] \hat{x}_2^{k+1} - (1 - m_3\,\Delta t)\,\hat{x}_2^k - \Delta t\,\hat{u}^k &=& 0 \ , \end{array} \right\} k = 0, \ldots, N-1 \ , \tag{5.42}$$

in denen $\hat{x}_1^0 = g_0$ und $\hat{x}_2^0 = h_0$ zu setzen ist.

Eliminiert man $\hat{u}^k$ aus der dritten Gleichung in (5.41) gemäß

$$\hat{u}^k = \frac{1}{2\rho}\,\Delta t\,\hat{\lambda}_2^{k+1} \ , \quad k = 0, \ldots, N-1 \ , \tag{5.43}$$

und setzt $\hat{u}^k$ in die zweite Gleichung in (5.42) ein, so erhält man aus (5.41) und (5.42) das lineare Gleichungssystem

$$2(\hat{x}_1^{k+1} - g_d^{k+1}) + \hat{\lambda}_1^{k+1} - (1 - m_1\,\Delta t)\,\hat{\lambda}_1^{k+2} = 0\,,$$

$$-m_2\,\Delta t\,\hat{\lambda}_1^{k+2} + \hat{\lambda}_2^{k+1} - (1 - m_3\,\Delta t)\,\hat{\lambda}_2^{k+2} = 0\,,$$

$$\hat{x}_1^{k+1} - (1 - m_1\,\Delta t)\,\hat{x}_1^k - m_2\,\Delta t\,\hat{x}_2^k = 0\,, \tag{5.44}$$

$$\hat{x}_2^{k+1} - (1 - m_3\,\Delta t)\,\hat{x}_2^k - \tfrac{\Delta t^2}{2\rho}\,\hat{\lambda}_2^{k+1} = 0$$

$$\text{für}\quad k = 0,\dots,N-1\,,$$

wobei $\hat{x}_2^0 = g_0$, $\hat{x}_2^0 = h_0$ und $\hat{\lambda}_1^{N+1} = \hat{\lambda}_2^{N+1} = 0$ zu setzen ist.

Zur Lösung des Problems hat man (5.44) nach $\hat{x}_1^{k+1}$, $\hat{x}_2^{k+1}$, $\hat{\lambda}_1^{k+1}$, $\hat{\lambda}_2^{k+1}$ für $k = 0,\dots,N-1$ aufzulösen und $\hat{u}^k$ für $k = 0,\dots,N-1$ durch (5.43) zu definieren.

Zur Auflösung von (5.44) bemerken wir zunächst, daß sich bei Vorgabe zweier Werte $\hat{x}_1^N$ und $\hat{x}_2^N$ in eindeutiger Weise eine Lösung $(\hat{x}_1^k, \hat{x}_2^k, \hat{\lambda}_1^{k+1}, \hat{\lambda}_2^{k+1})$ von (5.44) für $k = 0,\dots,N$ rekursiv ermitteln läßt. Dazu machen wir uns zunächst klar, daß wegen $\hat{\lambda}_1^{N+1} = \hat{\lambda}_2^{N+1} = 0$ aus der zweiten Gleichung von (5.44) für $k = N-1$ folgt, daß $\hat{\lambda}_2^N = 0$ ist, so daß die letzten beiden Gleichungen für $k = N-1$ lauten

$$\hat{x}_1^N - (1 - m_1\,\Delta t)\,\hat{x}_1^{N-1} - m_2\,\Delta t\,\hat{x}_2^{N-1} = 0\,,$$

$$\hat{x}_2^N - (1 - m_3\,\Delta t)\,\hat{x}_2^{N-1} = 0\,. \tag{5.45}$$

Aus der ersten Gleichung von (5.44) für $k = N-1$ ergibt sich

$$\hat{\lambda}_1^N = -2(\hat{x}_1^N - g_d^N)\,.$$

Aus (5.45) errechnet man in eindeutiger Weise $\hat{x}_1^{N-1}$ und $\hat{x}_2^{N-1}$, so daß man durch Einsetzen von $\hat{x}_1^{N-1}$ in die erste Gleichung von (5.44) für $k = N-2$ aus den ersten beiden Gleichungen die Werte $\hat{\lambda}_1^{N-1}$ und $\hat{\lambda}_2^{N-1}$ ermitteln kann. Setzt man für $k = N-2$ den Wert $\hat{\lambda}_2^{N-1}$ in die letzte Gleichung von (5.44) ein, so gewinnt man eindeutig $\hat{x}_1^{N-2}$ und $\hat{x}_2^{N-2}$, so daß man $\hat{x}_1^{N-2}$ wiederum für $k = N-3$ in die erste Gleichung einsetzen kann usw. Die auf diese Weise rekursiv gewonnene Lösung $(\hat{x}_1^k, \hat{x}_2^k, \hat{\lambda}_1^{k+1}, \hat{\lambda}_2^{k+1})$ von (5.44) für $k = 0,\dots,N$ hängt linear von den Anfangswerten $\hat{x}_1^N$ und $\hat{x}_2^N$ ab, falls $g_d^{k+1} = 0$ ist für $k = 0,\dots,N-1$. Wählt man speziell $\hat{x}_1^N = 1$ und $\hat{x}_2^N = 0$, so ergeben sich etwa die Werte $\hat{x}_1^0(1)$ und $\hat{x}_2^0(0)$, und für $\hat{x}_1^N = 0$ und $\hat{x}_2^N = 1$ mögen sich die Werte $\hat{x}_1^0(0)$ und $\hat{x}_2^0(1)$ ergeben. Wir nehmen an, daß die Matrix

$$\begin{pmatrix} \hat{x}_1^0(1) & \hat{x}_1^0(0) \\ \hat{x}_2^0(0) & \hat{x}_2^0(1) \end{pmatrix} \tag{5.46}$$

nicht-singulär ist. Dann hat das lineare Gleichungssystem

$$\hat{x}_1^0(1)\alpha + \hat{x}_1^0(0)\beta = g_0\,,$$

$$\hat{x}_2^0(0)\alpha + \hat{x}_2^0(1)\beta = h_0$$

genau eine Lösung (α, β). Wählt man nun $\hat{x}_1^N = \alpha$ und $\hat{x}_2^N = \beta$, so erhält man eine Lösung $(\hat{x}_1^k, \hat{x}_2^k, \hat{\lambda}_1^{k+1}, \hat{\lambda}_2^{k+1})$ von (5.44) für $k = 0, \ldots, N$ mit

$$\begin{aligned}
\hat{x}_1^0 &= \alpha\, \hat{x}_1^0(1) + \beta\, \hat{x}_1^0(0) = g_0 \ , \\
\hat{x}_2^0 &= \alpha\, \hat{x}_2^0(0) + \beta\, \hat{x}_1^0(1) = h_0 \ .
\end{aligned}$$

Damit haben wir eine Lösung von (3.33) für $k = 0, \ldots, N - 1$ erhalten, für die

$$\hat{x}_1^0 = g_0 \ , \quad \hat{x}_2^0 = h_0 \quad \text{und} \quad \hat{\lambda}_1^{n+1} = \hat{\lambda}_2^{N+1} = 0$$

ist. Aus dieser gewinnen wir einen optimalen Steuerungsvektor $(\hat{u}^0, \ldots, \hat{u}^{N-1})$ vermöge (5.43). Dieser ist auch der einzige mögliche optimale Steuerungsvektor; denn die $2N \times 3N$-Matrix des linearen Gleichungssystems (5.37) hat bei der Variablenanordnung $x_1^1, x_2^1, \ldots, x_1^N, x_2^N, u^0, u^1, \ldots, u^{N-1}$ die Form

$$\begin{pmatrix}
1 & 0 & 0 & \cdots & & \cdots & 0 & 0 & 0 & \cdots & 0 \\
0 & 1 & 0 & & & & \vdots & -\Delta t & 0 & \cdots & 0 \\
-(1 - m_1\Delta t) & -m\Delta t & 1 & & & & 0 & 0 & \vdots & \cdots & 0 \\
0 & -(1 - m_3\Delta t) & 0 & 1 & & & \vdots & 0 & -\Delta t & \cdots & 0 \\
 & & & \ddots & & & \vdots & \vdots & & & \vdots \\
 & & & & 1 & & \vdots & \vdots & & & \vdots \\
 & 0 & & & & & \vdots & \vdots & & -\Delta t & \vdots \\
 & -(1 - m_2\Delta t) & -m_2\Delta t & 1 & 0 & & \vdots & & & 0 & 0 \\
0 & & 0 & -(1 - m_3\Delta t) & 0 & 1 & 0 & 0 & \cdots 0 & -\Delta t
\end{pmatrix}$$

und hat somit den vollen Zeilenrang $2N$. Daraus folgt auch die Notwendigkeit der Multiplikatorenregel, die besagt, daß zu einer Lösung $\hat{x}_1^{k+1}$, $\hat{x}_2^{k+1}$, u^k von (5.37) $\Longleftrightarrow$ (5.40) die $J_N(\hat{x}^1, \ldots, \hat{x}_1^N, \hat{u}^0, \ldots, \hat{u}^N)$ minimiert, eindeutig bestimmte Multiplikatoren $\hat{\lambda}_1^{k+1}$, $\hat{\lambda}_2^{k+1}$, $k = 0, \ldots, N - 1$, existieren für die Bedingungen (5.41) erfüllt sind, aus denen sich wiederum eindeutig die Steuerungwerte $\hat{u}^k$, $k = 0, \ldots, N - 1$ gemäß (5.43) ergeben. Aus diesen und den Anfangswerten $\hat{x}_1^0 = g_0$, $\hat{x}_2^0 = h_0$ berechnet man wiederum eindeutig $\hat{x}_1^{k+1}$, $\hat{x}_2^{k+1}$ für $k = 0, \ldots, N - 1$ gemäß (5.37).

Literaturverzeichnis

[1] A.D. Ioffe und V.M. Tichomirov: Theorie der Extremalaufgaben. VEB Deutscher Verlag der Wissenschaften: Berlin 1979.

[2] G.W. Swan: Applications of Optimal Control Theory in Biomedicine. Marcel Dekker, Inc.: New York and Basel 1984.

6 Konkurrenzmodelle

6.1 Das allgemeine Modell

Wir denken uns zwei konkurrierende Populationen X bzw. Y, die zeitabhängige "Güter" (z.B. auch sich selbst, im Falle von Wachstum) $x = x(t)$ bzw. $y = y(t)$ erzeugen, und zwar gemäß einer Dynamik, die beschrieben wird durch die beiden Differentialgleichungen

$$\begin{aligned} \dot{x}(t) &= F(x(t), y(t)) , \\ \dot{y}(t) &= G(x(t), y(t)) , \quad t \in I\!\!R . \end{aligned} \tag{6.1}$$

Wir nehmen an, daß F und G auf $\overset{o}{I\!\!R}{}^2_+ = \{(x,y) \in I\!\!R^2 | \; x > 0, y > 0\}$ definiert, reellwertig sind und dort stetige partielle Ableitungen F_x, F_y, G_x und G_y besitzen. Wir nehmen ferner an, daß das System (6.1) einen Gleichgewichtszustand $(\bar{x}, \bar{y}) \in \overset{o}{I\!\!R}{}^2_+$ besitzt, d.h. eine Lösung

$$x(t) = \bar{x} > 0 , \quad y(t) = \bar{y} > 0 \quad \text{für alle} \quad t \in I\!\!R$$

mit

$$F(\bar{x}, \bar{y}) = 0 \quad \text{und} \quad G(\bar{x}, \bar{y}) = 0 . \tag{6.2}$$

Schließlich nehmen wir an, daß es eine Umgebung $V(\bar{x}, \bar{y}) \subseteq \overset{o}{I\!\!R}{}^2_+$ von $(\bar{x}, \bar{y})$ gibt mit

$$F_x(x, y) < 0 \quad \text{und} \quad G_y(x, y) < 0 \quad \text{für alle} \quad (x, y) \in V(\bar{x}, \bar{y}) . \tag{6.3}$$

Hierdurch wird ausgedrückt, daß in der Nähe des Gleichgewichtszustandes die Änderungsgeschwindigkeit $\dot{x}$ bzw. $\dot{y}$ des jeweiligen Gutes sich vergrößert bzw. verkleinert, wenn sich das Gut verkleinert bzw. vergrößert.

Im Zentrum der folgenden Untersuchungen steht die Frage, ob der Gleichgewichtspunkt $(\bar{x}, \bar{y})$ attraktiv ist, d.h., ob es eine Umgebung $W(\bar{x}, \bar{y})$ von $(\bar{x}, \bar{y})$ gibt derart, daß für jedes Lösungspaar $x = x(t)$, $y = y(t)$ von (6.1) mit $(x(\hat{t}), y(\hat{t})) \in W(\bar{x}, \bar{y})$ für ein $\hat{t} \in I\!\!R$ (etwa $\hat{t} = 0$) gilt

$$\lim_{t \to \infty} x(t) = \bar{x} \quad \text{und} \quad \lim_{t \to \infty} y(t) = \bar{y} .$$

Wie bereits in Abschnitt 4.2 über wechselwirkendes Wachstum bemerkt, ist das der Fall, wenn die Eigenwerte der Jacobi-Matrix

$$J(\bar{x},\bar{y}) = \begin{pmatrix} F_x(\bar{x},\bar{y}) & F_y(\bar{x},\bar{y}) \\ G_x(\bar{x},\bar{y}) & G_y(\bar{x},\bar{y}) \end{pmatrix} \tag{6.4}$$

negative Realteile haben. Diese Eigenwerte sind Lösungen der quadratische Gleichung

$$\lambda^2 - (F_x(\bar{x},\bar{y}) + G_y(\bar{x},\bar{y}))\,\lambda + F_x(\bar{x},\bar{y})\,G_y(\bar{x},\bar{y}) - F_y(\bar{x},\bar{y})\,G_x(\bar{x},\bar{y}) = 0 \tag{6.5}$$

und gegeben durch die Formel

$$\begin{aligned} \lambda_{1,2} &= \tfrac{1}{2}\,(F_x(\bar{x},\bar{y}) + G_y(\bar{x},\bar{y})) \\ &\pm \sqrt{\tfrac{1}{4}(F_x(\bar{x},\bar{y}) + G_y(\bar{x},\bar{y}))^2 - (F_x(\bar{x},\bar{y})\,G_y(\bar{x},\bar{y}) - F_y(\bar{x},\bar{y})\,G_x(\bar{x},\bar{y}))} \\ &= \tfrac{1}{2}\,(F_x(\bar{x},\bar{y}) + G_y(\bar{x},\bar{y})) \\ &\pm \sqrt{\tfrac{1}{4}(F_x(\bar{x},\bar{y}) - G_y(\bar{x},\bar{y}))^2 + F_y(\bar{x},\bar{y})\,G_x(\bar{x},\bar{y})} \; . \end{aligned}$$

An dieser liest man ab, daß $\lambda_1 < 0$ und $\lambda_2 < 0$ ist, falls die folgende Bedingung erfüllt ist:

$$F_x(\bar{x},\bar{y})\,G_y(\bar{x},\bar{y}) > F_y(\bar{x},\bar{y})\,G_x(\bar{x},\bar{y}) > 0 \; . \tag{6.6}$$

Deutet man die partiellen Ableitungen F_x und F_y bzw. G_x und G_y als Verzögerungen oder Beschleunigungen (je nachdem sie negativ oder positiv sind) der zeitlichen Änderung von x bzw. y, so besagt die rechte Ungleichung in (6.6), daß $F_y(\bar{x},\bar{y})$ bzw. $G_x(\bar{x},\bar{y})$ entweder beide Verzögerungen oder Beschleunigungen der zeitlichen Änderung von x bzw. y sind, und die linke Ungleichung in Verbindung mit der Annahme (6.3) besagt, daß das Produkt der Verzögerungen $F_x(\bar{x},\bar{y})$ bzw. $G_y(\bar{x},\bar{y})$ der zeitlichen Änderung von x bzw. y größer ist als das Produkt der Verzögerungen (oder Beschleunigungen) $F_y(\bar{x},\bar{y})$ bzw. $G_x(\bar{x},\bar{y})$ der zeitlichen Änderung von x bzw. y.

Das Produkt $F_x(\bar{x},\bar{y})\,G_y(\bar{x},\bar{y})$ drückt den gemeinsamen Einfluß der Eigenanteile auf die Verzögerung der zeitlichen Änderung von x und y aus und $F_y(\bar{x},\bar{y})\,G_x(\bar{x},\bar{y})$ den gemeinsamen Einfluß der wechselseitigen Anteile auf die Verzögerung oder Beschleunigung der zeitlichen Änderung von x und y. Die Bedingung (6.6) besagt dann, verbal ausgedrückt, daß Attraktivität eines Gleichgewichtszustandes vorliegt, wenn in diesem Zustand der gemeinsame Einfluß der Eigenanteile auf die Verzögerung der zeitlichen Änderung von x und y größer ist als der gemeinsame Einfluß der wechselseitigen Anteile.

Entscheidend für diese Aussage ist allerdings die Annahme (6.3), die gewährleistet, daß in der Nähe des Gleichgewichtszustandes die Änderungsgeschwindigkeit des jeweiligen Gutes eine monoton abnehmende Funktion seiner Größe ist.

Die rechte Ungleichung in (6.6) wird nur gebraucht, um sicherzustellen, daß die Eigenwerte λ_1 und λ_2 der Jacobi-Matrix (6.4) reell sind. Fordert man stattdessen

$$F_y(\bar{x},\bar{y})\,G_x(\bar{x},\bar{y}) < 0 \; , \tag{6.6'}$$

so kann man die Realität von λ_1 und λ_2 nicht mehr garantieren, liest aber an (6.6) ab, daß die Realteile von λ_1 und λ_2 negativ sind. Die linke Ungleichung von (6.6) ist automatisch erfüllt.

Auf Grund der Stetigkeit von F_y und G_x folgt aus (6.6') auch die Gültigkeit dieser Ungleichung in einer Umgebung von $(\bar{x}, \bar{y})$. Das bedeutet, daß in der Nähe des Gleichgewichtspunktes die Änderungsgeschwindigkeit des einen Gutes sich vergrößert, wenn sich das andere Gut vergrößert, und die des anderen Gutes sich verkleinert, wenn das eine Gut vergrößert wird. Eine solche Situation liegt gerade in dem Räuber-Beute-Modell vor, das in Abschnitt 4.2 behandelt wurde.

6.2 Spezialfälle

6.2.1 Wechselwirkendes Wachstum

(vgl. Abschnitt 4.2.) In diesem Falle sind $x = x(t)$ und $y = y(t)$ zeitabhängige Populationsgrößen. Die Funktion $F = F(x, y)$ und $G = G(x, y)$ auf der rechten Seite von (6.1) sind gegeben in der Form

$$F(x, y) = f(x, y)\, x \, , \quad G(x, y) = g(x, y)\, y \, , \tag{6.7}$$

wobei f und g reellwertige Funktionen auf $\overset{\circ}{I\!R}{}^2_+$ sind und dort stetige partielle Ableitungen f_x, f_y, g_x und g_y besitzen mit

$$f_x(x, y) < 0 \, , \quad f_y(x, y) < 0 \, , \quad g_x(x, y) < 0 \, , \quad g_y(x, y) < 0 \tag{6.8}$$

für alle $(x, y) \in \overset{\circ}{I\!R}{}^2_+$.

Hieraus folgt

$$F_y(x, y) = f_y(x, y)\, x < 0 \, , \quad G_x(x, y) = g_x(x, y)\, y < 0 \tag{6.9}$$

für alle $(x, y) \in \overset{\circ}{I\!R}{}^2_+$, woraus sich insbesondere die rechte Ungleichung von (6.6) ergibt.

Dabei ist $(\bar{x}, \bar{y}) \in \overset{\circ}{I\!R}{}^2_+$ genau dann ein Gleichgewichtszustand von (6.1), wenn gilt

$$f(\bar{x}, \bar{y}) = 0 \quad \text{und} \quad g(\bar{x}, \bar{y}) = 0 \, . \tag{6.10}$$

Wegen

$$F_x(\bar{x}, \bar{y}) = f_x(\bar{x}, \bar{y})\, \bar{x} \, , \quad G_y(\bar{x}, \bar{y}) = g_y(\bar{x}, \bar{y})\, \bar{y}$$

erweist sich die linke Ungleichung von (6.6) als äquivalent zu

$$f_x(\bar{x}, \bar{y})\, g_y(\bar{x}, \bar{y}) > f_y(\bar{x}, \bar{y})\, g_x(\bar{x}, \bar{y}) \, . \tag{6.11}$$

Das ist genau die Bedingung (4.22) mutatis mutandis. Die zugehörige Interpretation wurde bereits in Abschnitt 4.2 angegeben und entspricht genau der obigen Interpretation der linken Ungleichung von (6.6).

6.2.2　Ein Modell für Wettrüsten

Von L.F. Richardson (vgl. [2]) wurde ein einfaches mathematisches Modell zur Analyse des Wettrüstens entwickelt, das man als Spezialfall des allgemeinen Konkurrenzmodells ansehen kann, welches in Abschnitt 6.1 diskutiert wurde. Er geht von zwei rivalisierenden Mächten X bzw. Y mit einem irgendwie quantifizierten Rüstungspotential x bzw. y aus, dessen zeitliche Veränderung beschrieben wird durch jeweils eine der beiden folgenden linearen Differentialgleichungen :

$$\begin{aligned}
\dot{x}(t) &= -mx(t) + ay(t) + c\ , \\
\dot{y}(t) &= bx(t) - ny(t) + d\ , \quad t \in I\!R\ ,
\end{aligned} \tag{6.12}$$

wobei a, b, c, d, m und n positive Konstanten sind. Diese Gleichungen drücken aus, wie sich die beiden Gegner bezüglich der Änderung ihres Rüstungspotentials verhalten. Dabei gibt z.B. bei X der Faktor $-m$ in (6.12) die Abrüstungsrate wieder, die auf der Einschätzung des eigenen Rüstungspotentials beruht, und der Faktor a die Aufrüstungsrate , basierend auf der Einschätzung des Rüstungspotentials von Y, und c ist ein konstanter Aufrüstungsbeitrag. Die zweite Gleichung von (6.12) läßt sich analog aus der Sicht von Y interpretieren.

Setzt man

$$\begin{aligned}
F(x,y) &= -mx + ay + c\ , \\
G(x,y) &= bx - ny + d
\end{aligned} \tag{6.13}$$

für $(x,y) \in \overset{\circ}{I\!R}{}^2_+$, so hat das System (6.12) die Gestalt (6.1) und es ist

$$\begin{aligned}
F_x(x,y) &= -m < 0\ , \quad F_y(x,y) = a > 0\ , \\
G_x(x,y) &= b > 0\ , \quad G_y(x,y) = -n < 0\ ,
\end{aligned} \tag{6.14}$$

für alle $(x,y) \in \overset{\circ}{I\!R}{}^2_+$.

Wir nehmen an, es sei die Determinante

$$(-m) \cdot (-n) - a \cdot b \neq 0\ .$$

Dann hat das lineare Gleichungssystem

$$F(\bar{x},\bar{y}) = 0\ , \quad G(\bar{x},\bar{y}) = 0$$

mit F und G nach (6.14) genau eine Lösung $(\bar{x},\bar{y}) \in I\!R^2$, von der wir annehmen, daß sie in $\overset{\circ}{I\!R}{}^2_+$ liegt (was bei geeigneter Wahl von a, b, c, d, m und n möglich ist).

$$x(t) = \bar{x}\ , \quad y(t) = \bar{y}, \quad t \in I\!R\ ,$$

ist dann ein Gleichgewichtszustand von (6.1) mit F und G nach (6.13) Aus (6.14) folgt insbesondere, daß die rechte Ungleichung von (6.6) erfüllt ist. Die linke Ungleichung von (6.6) ist äquivalent mit

$$m \cdot n > a \cdot b\ .$$

Hieraus ergibt sich, daß der Gleichgewichtszustand $(\bar{x},\bar{y})$ attraktiv ist, wenn das Produkt der Abrüstungsraten größer ist als das der Aufrüstungsraten .

6.2.3 Ein Modell für Symbiose

Anstelle der beiden Populationen im allgemeinen Konkurrenzmodell denken wir uns jetzt zwei Organismen X bzw. Y, von denen jeder eine gewisse Substanz x bzw. y produziert (vgl. [2]). Beide Substanzen werden von beiden Organismen benutzt. Damit kann beiden Substanzen ein gewisser Nutzen als Beitrag zum Überlebenspotential von X und Y zugeschrieben werden, den wir in der folgenden Form mathematisch beschreiben:

$$N_X(x,y) = N(g(x,y)) , \quad N_Y(x,y) = N(h(x,y)) ,$$

$x \geq 0$, $y \geq 0$. Dabei wird durch die Funktionen $g = g(x,y)$ bzw. $h = h(x,y)$ ausgedrückt, wie die Substanzen x und y auf den Nutzen von X bzw. Y verteilt werden. Der Beitrag des Nutzens zum Überlebenspotential wird mathematisch beschrieben durch die beiden Differentialgleichungen

$$\begin{aligned}
\dot{x}(t) &= N(g(x(t),y(t))) , \\
\dot{y}(t) &= N(h(x(t),y(t))) , \quad t \in I\!R .
\end{aligned} \tag{6.15}$$

Von den Funktionen g und h nehmen wir an, daß sie für alle $x \geq 0$ und $y \geq 0$ definiert und reellwertig sind und auf $\overset{\circ}{I\!R}{}^2_+$ stetige partielle Ableitungen g_x, g_y, h_x und h_y besitzen. Die Nutzenfunktion $N = N(z)$ sei auf $I\!R$ definiert, reellwertig, stetig differenzierbar und streng monoton wachsend, d.h.

$$N'(z) > 0 \quad \text{für alle} \quad z \in I\!R . \tag{6.16}$$

Weiter nehmen wir an, daß gilt

$$g(0,0) = 0 , \quad h(0,0) = 0 \quad \text{und} \quad N(0) = 0 , \tag{6.17}$$

was sich offenbar als sinnvoll erweist. Damit ist $\bar{x} = 0$, $\bar{y} = 0$ ein Gleichgewichtszustand des Systems (6.15). Neben diesem trivialen Gleichgewichtszustand besitze das System (6.15) noch einen weiteren $(\bar{x}, \bar{y}) \in \overset{\circ}{I\!R}{}^2_+$, d.h. eine Lösung

$$x(t) = \bar{x} > 0 , \quad y(t) = \bar{y} > 0 \quad \text{für alle} \quad t \in I\!R$$

mit

$$N(g(\bar{x},\bar{y})) = 0 \quad \text{und} \quad N(h(\bar{x},\bar{y})) = 0 .$$

Schließlich nehmen wir an, daß es eine Umgebung $V(\bar{x},\bar{y}) \subseteq \overset{\circ}{I\!R}{}^2_+$ von $(\bar{x},\bar{y})$ gibt mit

$$g_x(x,y) < 0 \quad \text{und} \quad h_y(x,y) < 0 \quad \text{für alle} \quad (x,y) \in V(\bar{x},\bar{y}) . \tag{6.18}$$

Hierdurch wird ausgedrückt, daß in der Nähe des Gleichgewichtszustandes der Eigenanteil zum eigenen Nutzen mit wachsender Größe der selbstproduzierten Substanz abnimmt.

Definiert man Funktionen

$$F(x,y) = N(g(x,y)) \quad \text{und} \quad G(x,y) = N(h(x,y)) ,$$

$x \geq 0$, $y \geq 0$, so geht das System (6.15) in das System (6.1) über, und es ist

$$F_x(x,y) = N'(g(x,y))\, g_x(x,y) < 0 \quad \text{und} \quad G_y(x,y) = N'(h(x,y))\, h_y(x,y) < 0$$

für alle $(x,y) \in V(\bar{x},\bar{y})$, d.h., die Annahme (6.3) ist erfüllt.

Es ist sicherlich vernünftig, anzunehmen, daß der Fremdanteil zum eigenen Nutzen mit wachsender Größe der Fremdsubstanz abnimmt, was sich mathematisch wie folgt ausdrückt:

$$g_y(x,y) < 0 \quad \text{und} \quad h_x(x,y) < 0 \quad \text{für alle} \quad (x,y) \in \overset{\circ}{I\!R}{}^2_+ .$$

In Verbindung mit (6.18) ergibt sich hieraus

$$F_y(x,y) = N'(g(x,y))\, g_y(x,y) < 0 \quad \text{und} \quad G_x(x,y) = N'(g(x,y))\, h_x(x,y) < 0$$

für alle $(x,y) \in \overset{\circ}{I\!R}{}^2_+$, woraus insbesondere folgt, daß die rechte Ungleichung von (6.6) erfüllt ist. Die linke Ungleichung von (6.6) ist wegen (6.18) äquivalent zu

$$g_x(\bar{x},\bar{y})\, h_y(\bar{x},\bar{y}) > g_y(\bar{x},\bar{y})\, h_x(\bar{x},\bar{y}) . \tag{6.19}$$

Verbal ausgedrückt, besagt diese Bedingung, daß das Produkt der Eigenanteilsraten im Gleichgewichtszustand größer ist als das Produkt der Fremdanteilsraten. Dadurch wird also Attraktivität des Gleichgewichtszustandes garantiert, worin sich die Symbiose, d.h. das dauerhafte Zusammenleben der beiden Organismen zu wechselseitigem Nutzen widerspiegelt.

Zusammenfassend kann gesagt werden, daß eine Symbiose in der Nähe eines Gleichgewichtszustandes möglich ist, wenn in dessen Nachbarschaft der jeweilige Eigenanteil zum eigenen Nutzen mit wachsender Größe der selbstproduzierten Substanz abnimmt, wenn allgemein der jeweilige Fremdanteil zum eigenen Nutzen mit wachsender Größe der fremdproduzierten Substanz abnimmt[1] und wenn das Produkt der Eigenanteilsraten im Gleichgewichtszustand größer ist als das Produkt der Fremdanteilsraten.

6.3 Ein Modell mit drei Konkurrenten

Wir gehen jetzt von drei Populationen X, Y und Z aus, die zeitabhängige Güter $x(t)$, $y(t)$ und $z(t)$ erzeugen gemäß der Dynamik

$$\begin{aligned}
\dot{x}(t) &= F(x(t), y(t), z(t)) , \\
\dot{y}(t) &= G(x(t), y(t), z(t)) , \\
\dot{z}(t) &= H(x(t), y(t), z(t)) , \quad t \in I\!R .
\end{aligned} \tag{6.20}$$

Wir nehmen an, daß F, G und H reellwertige Funktionen auf $\overset{\circ}{I\!R}{}^3_+ = \{(x,y,z) \in I\!R^3 \mid x > 0, y > 0, z > 0\}$ sind, die dort stetige partielle Ableitungen F_x, F_y, F_z, G_x, G_y, G_z, H_x, H_y und H_z besitzen.

---

[1] Es würde übrigens auch genügen, wenn dieses ebenfalls in einer Nachbarschaft des Gleichgewichtszustandes der Fall wäre.

Wir nehmen wieder an, daß (6.20) eine Gleichgewichtslösung

$$x(t) = \bar{x} \ , \ \ y(t) = \bar{y} \ , \ \ z(t) = \bar{z} \ , \ \ t \in I\!R \ ,$$

besitzt mit $(\bar{x}, \bar{y}, \bar{z}) \in \overset{\circ}{I\!R}{}^3_+$ und

$$F(\bar{x}, \bar{y}, \bar{z}) = 0 \ , \ \ G(\bar{x}, \bar{y}, \bar{z}) = 0 \ , \ \ H(\bar{x}, \bar{y}, \bar{z}) = 0 \ ,$$

und suchen nach hinreichenden Bedingungen dafür, daß $(\bar{x}, \bar{y}, \bar{z})$ ein attraktiver Gleichgewichtszustand ist.

Zunächst nehmen wir an, daß gilt

$$F_x(x, y, z) < 0 \ , \ \ G_y(x, y, z) < 0 \ , \ \ H_z(x, y, z) < 0 \tag{6.21}$$

für alle (x, y, z) aus einer Umgebung $V(\bar{x}, \bar{y}, \bar{z}) \subseteq \overset{\circ}{I\!R}{}^3_+$ von $(\bar{x}, \bar{y}, \bar{z})$.

Hinreichend für Attraktivität von $(\bar{x}, \bar{y}, \bar{z})$ ist wieder, daß die Jacobi-Matrix

$$J(\bar{x}, \bar{y}, \bar{z}) = \begin{pmatrix} F_x(\bar{x}, \bar{y}, \bar{z}) & F_y(\bar{x}, \bar{y}, \bar{z}) & F_z(\bar{x}, \bar{y}, \bar{z}) \\ G_x(\bar{x}, \bar{y}, \bar{z}) & G_y(\bar{x}, \bar{y}, \bar{z}) & G_z(\bar{x}, \bar{y}, \bar{z}) \\ H_x(\bar{x}, \bar{y}, \bar{z}) & H_y(\bar{x}, \bar{y}, \bar{z}) & H_z(\bar{x}, \bar{y}, \bar{z}) \end{pmatrix}$$

nur Eigenwerte mit negativen Realteilen besitzt, was auf Grund des Hurwitz-Kriteriums (vgl. [1]) gleichbedeutend ist mit

$$a_1 > 0 \ , \ \ a_1 a_2 - a_3 > 0 \ , \ \ a_3 > 0 \ , \tag{6.22}$$

wobei

$$a_1 = -F_x(\bar{x}, \bar{y}, \bar{z}) - F_y(\bar{x}, \bar{y}, \bar{z}) - F_z(\bar{x}, \bar{y}, \bar{z}) \tag{6.23}$$

$$\begin{aligned} a_2 = \ & F_x(\bar{x}, \bar{y}, \bar{z})\,G_y(\bar{x}, \bar{y}, \bar{z}) + F_x(\bar{x}, \bar{y}, \bar{z})\,H_z(\bar{x}, \bar{y}, \bar{z}) + G_y(\bar{x}, \bar{y}, \bar{z})\,H_z(\bar{x}, \bar{y}, \bar{z}) \\ - \ & F_y(\bar{x}, \bar{y}, \bar{z})\,G_x(\bar{x}, \bar{y}, \bar{z}) - F_z(\bar{x}, \bar{y}, \bar{z})\,H_x(\bar{x}, \bar{y}, \bar{z}) - G_z(\bar{x}, \bar{y}, \bar{z})\,H_y(\bar{x}, \bar{y}, \bar{z}) \end{aligned} \tag{6.24}$$

$$a_3 = -\det J(\bar{x}, \bar{y}, \bar{z}) \ . \tag{6.25}$$

Die Bedingung $a_1 > 0$ ist eine Folge der Annahmen (6.21). Aus den Bedingungen (6.22) folgert man leicht, daß $a_2 > 0$ sein muß, d.h. daß die Bedingungen

$$a_1 > 0 \ , \ \ a_2 > 0 \ \text{und} \ a_3 > 0 \tag{6.26}$$

notwendig dafür sind, daß die Jacobi-Matrix $J(\bar{x}, \bar{y}, \bar{z})$ nur Eigenwerte mit negativem Realteil besitzt. Das läßt sich auch leicht direkt einsehen. Im allgemeinen sind die Bedingungen (6.26) aber nicht hinreichend dafür.

Zur Schreibvereinfachung stellen wir die Jacobi-Matrix folgendermaßen dar:

$$J(\bar{x}, \bar{y}, \bar{z}) = A = \begin{pmatrix} a_{11} & a_{12} & a_{13} \\ a_{21} & a_{22} & a_{23} \\ a_{31} & a_{32} & a_{33} \end{pmatrix}$$

und erhalten

$$\begin{aligned} a_1 &= -(a_{11} + a_{22} + a_{33}) \,, \\ a_2 &= a_{11}a_{22} + a_{11}a_{33} + a_{22}a_{33} - a_{12}a_{21} - a_{13}a_{31} - a_{23}a_{32} \end{aligned} \tag{6.27}$$

$$\begin{aligned} a_3 = -\det A &= -a_{11}(a_{22}a_{33} - a_{23}a_{32}) + a_{12}(a_{21}a_{33} - a_{23}a_{31}) \\ &\quad - a_{13}(a_{21}a_{32} - a_{22}a_{31}) \,. \end{aligned} \tag{6.28}$$

Hieraus ergibt sich

$$\begin{aligned} a_1 a_2 - a_3 &= -a_{11}(a_{11}a_{22} + a_{11}a_{33} - a_{12}a_{21} - a_{13}a_{31}) \\ &\quad - a_{22}(a_{11}a_{22} + a_{11}a_{33} + a_{22}a_{33} - a_{12}a_{21} - a_{23}a_{32}) \\ &\quad - a_{33}(a_{11}a_{22} + a_{11}a_{33} + a_{22}a_{33} - a_{13}a_{31}a_{23}a_{32}) \\ &\quad + a_{12}a_{23}a_{31} + a_{13}a_{32}a_{21} \,. \end{aligned} \tag{6.29}$$

Nun nehmen wir an, daß die Y- und Z-Population der X-Population als Beute dienen und untereinander nicht konkurrieren, was mathematisch zu den folgenden Bedingungen führt:

$$\begin{aligned} F_y(x,y,z) > 0 \,, &\quad F_z(x,y,z) > 0 \,, \\ G_x(x,y,z) < 0 \,, &\quad H_x(x,y,z) < 0 \,, \\ G_z(x,y,z) = 0 \,, &\quad H_y(x,y,z) = 0 \end{aligned} \tag{6.30}$$

für alle $(x,y,z) \in \overset{\circ}{I\!\!R}{}^3_+$. Aus diesen Bedingungen folgt insbesondere

$$a_{12} > 0 \,, \ a_{13} > 0 \,, \ a_{23} = 0 \ \text{und} \ a_{21} < 0 \,, \ a_{31} < 0 \,, \ a_{32} = 0 \,.$$

Dazu kommen noch die Bedingungen

$$a_{11} < 0 \,, \ a_{22} < 0 \,, \ a_{33} < 0 \,,$$

welche sich aus der Annahme (6.21) ergeben.

Aus (6.27) folgt dann unmittelbar $a_1 > 0$, und aus (6.28) liest man ab, daß $a_3 > 0$ ist. Schließlich ergibt sich aus (6.29) noch, daß $a_1 a_2 - a_3 > 0$ ist, so daß aus der obigen Annahme die Bedingungen (6.22) folgen, aus denen sich die Attraktivität des Gleichgewichtszustandes $(\bar{x}, \bar{y}, \bar{z})$ ergibt.

Wir wollen den soeben geschilderten Spezialfall noch an einem Beispiel erläutern. Zu dem Zweck wählen wir

$$
\begin{aligned}
F(x,y,z) &= (c_1 + c_{11}x + c_{12}y + c_{13}z)\,x \ , \\
G(x,y,z) &= (c_2 + c_{21}x + c_{22}y)\,y \ , \\
H(x,y,z) &= (c_3 + c_{31}x + c_{33}z)\,z
\end{aligned}
$$

für $(x,y,z) \in \overset{\circ}{I\!R}{}^3_+$, wobei wir sogleich $c_1 < 0$, $c_2 > 0$ und $c_3 > 0$ annehmen. Eine Gleichgewichtslösung $(\bar{x}, \bar{y}, \bar{z}) \in \overset{\circ}{I\!R}{}^3_+$ von (6.20) ist dann eine Lösung des linearen Gleichungssystems

$$
\begin{aligned}
c_{11}\,\bar{x} + c_{12}\,\bar{y} + c_{13}\,\bar{z} &= -c_1 \ , \\
c_{21}\,\bar{x} + c_{22}\,\bar{y} \quad\quad &= -c_2 \ , \\
c_{31}\,\bar{x} \quad\quad + c_{33}\,\bar{z} &= -c_3 \ .
\end{aligned}
\tag{6.31}
$$

Bevor wir auf die Lösbarkeit dieses Gleichungssystems eingehen, wollen wir uns klarmachen, was die Annahmen (6.21) und (6.30) garantiert. Dazu bemerken wir zunächst, daß gilt:

$$
\begin{aligned}
F_x(x,y,z) &= 2c_{11}\,x + c_{12}\,y + c_{13}\,z \ + \ c_1 \ , \\
G_y(x,y,z) &= 2c_{22}\,y + c_{21}\,x \ + \ c_2 \ , \\
H_z(x,y,z) &= 2c_{33}\,z + c_{31}\,x \ + \ c_3
\end{aligned}
$$

$$
\text{für } (x,y,z) \in \overset{\circ}{I\!R}{}^3_+ \ .
$$

Wir machen die Annahmen

$$
c_{11} < 0 \ , \ c_{22} < 0 \ , \ c_{33} < 0 \ .
\tag{6.32}
$$

Wählt man dann

$$
V = \{(x,y,z) \in \overset{\circ}{I\!R}{}^3_+ \mid 2c_{11}\,x + c_{12}\,y + c_{13}\,z + c_1 < 0 \ ,
$$
$$
2c_{22}\,y + c_{21}\,x + c_2 < 0 \text{ und } 2c_{33}\,z + c_{31}\,x + c_3 < 0\} \ ,
$$

so folgt für jede Lösung $(\bar{x}, \bar{y}, \bar{z}) \in \overset{\circ}{I\!R}{}^3_+$ von (6.31) $(\bar{x}, \bar{y}, \bar{z}) \in V$, und es gilt (6.21) für alle $(x,y,z) \in V(\bar{x}, \bar{y}, \bar{z}) = V$.

Um hinreichende Bedingungen für (6.30) angeben zu können, berechnen wir zunächst

$$
\begin{aligned}
F_y(x,y,z) &= c_{12}\,x \ , \quad F_z(x,y,z) = c_{13}\,x \ , \\
G_x(x,y,z) &= c_{21}\,y \ , \quad H_x(x,y,z) = c_{31}\,z \ , \\
G_z(x,y,z) &= H_y(x,y,z) = 0
\end{aligned}
$$

$$
\text{für } (x,y,z) \in \overset{\circ}{I\!R}{}^3_+ \ .
$$

Nimmt man an, daß gilt

$$c_{12} > 0 \ , \ \ c_{13} > 0 \ , \ \ c_{21} < 0 \ , \ \ c_{31} < 0 \ , \tag{6.33}$$

so ist (6.30) für alle $(x, y, z) \in \overset{\circ}{I\!R}{}^3_+$ erfüllt.

Aus den Annahmen (6.32) ergibt sich die Existenz einer eindeutigen Lösung $(\bar{x}, \bar{y}, \bar{z}) \in I\!R^3$ von (6.31), die man aus den folgenden Gleichungen erhält:

$$\left(c_{11} - \frac{c_{31}}{c_{33}}\, c_{13} - \frac{c_{21}}{c_{22}}\, c_{12}\right) \bar{x} = -c_1 + \frac{c_3}{c_{33}}\, c_{13} + \frac{c_2}{c_{22}}\, c_{12} \ ,$$
$$\bar{y} = \frac{1}{c_{22}}\, (-c_2 - c_{21}\, \bar{x}) \ , \ \ \bar{z} = \frac{1}{c_{33}}\, (-c_3 - c_{31}\, \bar{x}) \ . \tag{6.34}$$

An diesen erkennt man, daß durch geeignete Wahl der Koeffizienten c_{ij} und c_i für $i, j = 1, 2, 3$ garantiert werden kann, daß $(\bar{x}, \bar{y}, \bar{z}) \in \overset{\circ}{I\!R}{}^3_+$ ist.

Literaturverzeichnis

[1] A. Hurwitz: Über die Bedingungen, unter welchen eine Gleichung nur Wurzeln mit negativen reellen Teilen besitzt. Math. Ann. Bd. 46 (1895), 273 - 284.

[2] A. Rapoport: Allgemeine Systemtheorie. Verlag Darmstädter Blätter: Darmstadt 1988.

7 Ein mathematisches Modell der Hämodialyse

7.1 Ein Ein-Kammer-Modell

7.1.1 Der Massentransport in der künstlichen Niere

Bei den meisten gebräuchlichen Dialysatoren (d.h. künstlichen Nieren) wird die Giftentnahme aus dem Blut dadurch bewerkstelligt, daß man dieses dem Körper entzieht und an einer Membran vorbeifließen läßt, auf deren Gegenseite in entgegengesetzter Richtung (Gegenstrom-Prinzip) die Dialysatorflüssigkeit fließt. Dabei finden durch die Membran hindurch in Richtung Blut $\rightarrow$ Dialysat zwei Prozesse statt. Zum einen diffundiert der Giftstoff aus dem Blut durch die Membran in das Dialysat. Zum anderen wird dem Blut durch Ultrafiltration Wasser entzogen, welches ebenfalls Giftstoff ins Dialysat befördert. Wir bezeichnen die Giftstoffkonzentration im Blut insgesamt bzw. im Blutwasser (beide gemessen in mg/ml) mit K_B bzw. K_{BW} und die Flußgeschwindigkeit des Giftstoffes im Blut bzw. im Blutwasser durch die Membran (gemessen in ml/min) mit G_B bzw. G_{BW}. Dann ist der Giftstofftransportfluß F_M durch die Membran (gemessen in mg/min) gegeben durch

$$F_M = \underbrace{G_B(K_B - K_{BW})}_{\text{Diffusionsanteil}} + \underbrace{G_{BW}\, K_{BW}}_{\text{Ultrafiltrationsanteil}} . \tag{7.1}$$

Bezeichnet K_D die Giftstoffkonzentration im Dialysat, so läßt sich nach dem Fickschen Gesetz annehmen, daß der Diffusionsanteil von F_M auch darstellbar ist in der Form

$$G_B(K_B - K_{BW}) = C_M(K_B - K_D) . \tag{7.2}$$

Dabei ist C_M (gemessen in ml/min) die Durchlässigkeit der Membran. Auflösung von (7.2) nach K_{BW} liefert

$$K_{BW} = K_B - \frac{C_M}{G_B}\,(K_B - K_D) , \tag{7.3}$$

und Einsetzen in (7.1) ergibt

$$\begin{aligned}
F_M &= C_M(K_B - K_D) + G_{BW}(K_B - \tfrac{C_M}{G_B}\,(K_B - K_D)) \\
&= (C_M + G_{BW}\,(1 - \tfrac{C_M}{G_B}))\, K_B - C_M(1 - \tfrac{G_{BW}}{G_B})\, K_D .
\end{aligned} \tag{7.4}$$

Realistische Werte für C_M, G_{BW} und G_B sind für Harnstoff $C_M = 150$, $G_{BW} = 10$, $G_B = 200[\text{ml/min}]$ (vgl. [5], S. 50). Daraus ergibt sich

$$G_{BW}\left(1 - \frac{C_M}{G_B}\right) = 2.5 \quad \text{und} \quad \frac{G_{BW}}{G_B} = 0.05 \, ,$$

so daß man die Ultrafiltration praktisch vernachlässigen und $G_{BW} = 0$ setzen kann. Damit erhält man für den Giftstofftransportfluß F_M durch die Membran

$$F_M = C_M(K_B - K_D) \, . \tag{7.5}$$

7.1.2 Die zeitliche Veränderung der Giftstoffkonzentration im Blut

Ist $V_B[\text{ml}]$ das Blutvolumen, so ist die zu einem Zeitpunkt t im Blut vorhandene Giftstoffmenge gegeben durch $V_B \cdot K_B(t)$, wobei $K_B(t)$ [mg/ml] die zur Zeit t vorliegende Giftstoffkonzentration bezeichnet. Die zeitliche Änderung der Giftstoffmenge ergibt sich also als $V_B \cdot \dot{K}_B(t)$, wobei $\dot{K}_B(t) = dK_B(t)/dt$ die zeitliche Änderung der Giftstoffkonzentration ist.

Wir wollen annehmen, daß die Nieren des Patienten noch schwach funktionsfähig sind und pro Zeiteinheit die Giftstoffkonzentration $K_B(t)$ um $C_r \cdot K_B(t)$ reduzieren, wobei $C_r[\text{ml/min}]$ von der Größenordnung 5 ist (also klein im Verhältnis zu $C_M = 150[\text{ml/min}]$). Weiterhin nehmen wir an, daß die Giftstoffkonzentration K_D im Dialysat im Vergleich zu K_B klein ist und vernachlässigt werden kann (vgl. hierzu [5], S. 43). Wir geben uns ein Zeitintervall $[0, T]$ vor, innerhalb dessen von 0 bis $t_d < T$ dialysiert werden soll. Danach soll der Dialysator abgeschaltet und bei $t = T$ wieder eingeschaltet werden. Für den Giftstofftransportfluß durch die Membran ergibt sich dann nach (7.5) die Darstellung

$$F_M(t) = \begin{cases} C_M \, K_B(t) & \text{für} \quad 0 \leq t \leq t_d \, , \\ 0 & \text{für} \quad t_d < t < T \, . \end{cases} \tag{7.6}$$

Wir nehmen schließlich noch an, daß der Giftstoff im Blut mit der konstanten Rate $L[\text{mg/min}]$ erzeugt wird. Für den zeitlichen Verlauf der Änderung der Giftstoffkonzentration erhalten wir damit die Differentialgleichung

$$V_B \, \dot{K}_B(t) = \begin{cases} -(C_M + C_r) \, K_B(t) + L & \text{für} \quad 0 \leq t \leq t_d \, , \\ -C_r \, K_B(t) + L & \text{für} \quad t_d < t < T \, , \end{cases} \tag{7.7}$$

deren rechte Seite genau die zeitliche Änderung der Giftstoffmenge im Blut auf Grund von Dialyse, Nierentätigkeit und Giftstofferzeugung darstellt. Die Lösung von (7.7) kann in geschlossener Form angegeben werden und lautet

$$K_B(t) = K_B(0) \, e^{-\frac{C_M + C_r}{V_B} t} + \frac{L}{C_M + C_r} \left(1 - e^{-\frac{C_M + C_r}{V_B} t}\right) \tag{7.8a}$$

für $0 \leq t \leq t_d$ und

$$K_B(t) = K_B(t_d)\, e^{-\frac{C_r}{V_B}(t-t_d)} + \frac{L}{C_r}\,(1 - e^{-\frac{C_r}{V_B}(t-t_d)}) \tag{7.8b}$$

für $t_d \le t \le T$.
Im Falle $C_r = 0$ ergibt sich

$$K_B(t) = K_B(0)\, e^{-\frac{C_M}{V_B}t} + \frac{L}{C_M}\,(1 - e^{-\frac{C_M}{V_B}t}) \tag{7.9a}$$

für $0 \le t \le t_d$ und

$$K_B(t) = K_B(t_d) + \frac{L}{V_B}\,(t - t_d) \tag{7.9b}$$

für $t_d \le t \le T$.
Bei vorgegebenen Werten für L, C_M, C_r, t_d und T wird sich auf die Dauer ein Gleichgewichtszustand einstellen, der darin besteht, daß sich die zeitliche Entwicklung der Giftstoffkonzentration $K_B(t)$ periodisch in Zeitintervallen der Länge T wiederholt. Dazu ist erforderlich, daß die Bedingung

$$K_B(T) = K_B(0) \tag{7.10}$$

erfüllt ist. Aus dieser leitet sich im Falle $C_r = 0$ die äquivalente Bedingung

$$K_B(0) = [\frac{1}{C_M} + \frac{1}{V_B}\,\frac{T - t_d}{1 - e^{-\frac{C_M}{V_B}t_d}}]\,L = \alpha(t_d)\,L \tag{7.11}$$

ab. Für C_M legen wir wieder den Wert $150\,[\text{mg/min}]$ zugrunde und für V_B den (später ebenfalls benutzten) Wert $13600\,[\text{ml}]$. Dann erhalten wir

$$K_B(0) = [0.0067 + 0.0000735\,\frac{T - t_d}{1 - e^{-0.011\,t_d}}]\,L\ .$$

Gehen wir davon aus, daß alle zwei Tage dialysiert wird, d.h. setzen wir $T = 48\,Std. = 2880\,\text{min}$, so ergeben sich für

$$\alpha(t_d) = 0.0067 + 0.0000735\,\frac{2880 - t_d}{1 - e^{-0.011\,t_d}}$$

die folgenden Werte

t_d	4 Std.	5 Std.	6 Std.	7 Std.	8 Std.
$\alpha(t_d)$	0.216	0.204	0.196	0.189	0.184

Aus (7.11) und (7.9a) errechnet man

$$K_B(t_d) = \beta(t_d)\,L \tag{7.12}$$

mit

$$\beta(t_d) = \frac{1}{C_M} + \frac{1}{V_B} \frac{T - t_d}{e^{\frac{C_M}{V_B} t_d} - 1} \, . \tag{7.13}$$

Für die obigen Werte von C_M, V_B und T ergibt sich

$$\beta(t_d) = 0.0067 + 0.0000735 \, \frac{2880 - t_d}{e^{0.011 t_d} - 1}$$

und daraus die folgende Tabelle

t_d	4 Std.	5 Std.	6 Std.	7 Std.	8 Std.
$\beta(t_d)$	0.022	0.014	0.010	0.008	0.007

Definiert man den Dialyse-Effekt durch

$$E(t_d) = \frac{K_B(t_d)}{K_B(0)} = \frac{\beta(t_d)}{\alpha(t_d)} \, , \tag{7.14}$$

so erhält man die Tabelle

t_d	4 Std.	5 Std.	6 Std.	7 Std.	8 Std.
$E(t_d)$	0.102	0.069	0.051	0.042	0.038

Diese Zahlenwerte sind zwar nicht realistisch (weswegen neben anderen Gründen das Ein-Kammer-Modell im folgenden auch aufgegeben werden wird). Sie zeigen aber bereits eine Tendenz (die sich in einem verfeinerten Modell noch weiter bestätigen wird), nämlich, daß sich durch Verlängerung der Dialysedauer für große Dialysezeiten ($t_d \geq 7$ Std.) der Dialyse-Effekt nur noch unwesentlich steigert.

Auf Grund von (7.11) und (7.12) hängt der Dialyse-Effekt im allgemeinen von den 4 Größen C_M, V_B, T und t_d ab (sofern $C_r = 0$ angenommen wird), nicht jedoch von der Giftstofferzeugungsrate L.

7.2 Ein Zwei-Kammer-Modell

7.2.1 Aufstellung der Modellgleichungen

Wir haben bereits bemerkt, daß die Zahlenwerte für den durch (7.14) definierten Dialyse-Effekt im Ein-Kammer-Modell unrealistisch sind. Aber auch der durch (7.9b) gegebene lineare Anstieg der Giftstoffkonzentration während des dialysefreien Zeitintervalles $[t_d, T]$ läßt sich experimentell nicht bestätigen. Vielmehr steigt die Giftstoffkonzentration nach Abschaltung der künstlichen Niere zunächst steil an und geht erst danach in einen linearen Verlauf über.

Der steile Anstieg nach der Dialyse läßt sich dadurch erklären, daß der Giftstoff (etwa Harnstoff oder Kreatinin) im interzellulären Bereich eine andere Konzentration hat als im Blut und daß sich für diese am Ende der Dialyse ein höherer Wert einstellt als im

Blut. Es findet daher durch die Zellwände Diffusion aus dem interzellulären Bereich in das Blut statt, die zunächst zu dem steilen Aufstieg der dortigen Giftstoffkonzentration führt. Nimmt man an, daß der Giftstoff nach seiner Erzeugung direkt ins Blut gelangt (wie z.B. der Harnstoff, der hauptsächlich in der Leber erzeugt wird), so wird im Blut die Konzentration nach der Dialyse nicht nur infolge der Diffusion aus dem interzellulären Bereich, sondern auch infolge der Giftstofferzeugung steigen und irgendwann die Giftstoffkonzentration im interzellulären Bereich wieder übersteigen, so daß sich zu Beginn der nächsten Dialyse dort ein kleinerer Wert eingestellt haben wird. Wir werden diesen Vorgang später noch genauer quantitativ erfassen.

Die urämischen Schadstoffe sind im wesentlichen in der Körperflüssigkeit enthalten, die in die interzelluläre, die interstitielle und intravasale aufgeteilt wird. Dabei können die interstitielle und intravasale Flüssigkeit zumindest für Harnstoff und Kreatinin wegen der engen Kopplung durch die Kapillaren als ein Flüssigkeitsraum aufgefaßt werden, den wir den extrazellulären Flüssigkeitsraum nennen wollen. Es wird daher eine Trennung des gesamten Körperwassers in einen intra- und extrazellulären Flüssigkeitsraum zugrundegelegt, die durch die Zellwände getrennt sind. Durch diese findet in beiden Richtungen Diffusion statt. Bezeichnet man die Giftstoffkonzentration im intra- bzw. extrazellulären Raum mit $K_Z = K_Z(t)$ bzw. $K_E = K_E(t)$ und die Zelldurchlässigkeit (gemessen in ml/min) mit C_Z, so ist nach dem Fickschen Gesetz der Giftstofftransportfluß vom intra- in den extrazellulären Flüssigkeitsraum gegeben durch

$$F_Z(t) = C_Z(K_Z(t) - K_E(t)) . \tag{7.15}$$

Für den Giftstofftransportfluß aus dem extrazellulären Raum in die künstliche und/oder natürliche Niere legen wir analog zu Abschnitt 7.1.2 wieder die Formel

$$F_E(t) = -C(t)\, K_E(t) \tag{7.16}$$

zugrunde, wobei

$$C(t) = \begin{cases} C_M(t) + C_r & \text{für} \quad 0 \leq t < t_d , \\ C_r & \text{für} \quad t_d \leq t < T \end{cases} \tag{7.17}$$

ist. $C_M(t)$ bzw. C_r sind dabei die Durchlässigkeiten der künstlichen bzw. natürlichen Niere (gemessen in ml/min), $[0, t_d]$ ist der Dialysezeitraum und T die Zeit, nach der die Dialyse wiederholt wird. Bezeichnet man mit V_E bzw. V_Z das Volumen des extra- bzw. intrazellulären Flüssigkeitsraumes, so erhält man für die zeitliche Änderung der Giftstoffmenge im extra- und intrazellulären Bereich die beiden Differentialgleichungen

$$V_Z\, \dot{K}_Z(t) = C_Z(K_E(t) - K_Z(t)) , \tag{7.18}$$

$$V_E\, \dot{K}_E(t) = C_Z(K_Z(t) - K_E(t)) - C(t)\, K_E(t) + L . \tag{7.19}$$

Dabei wurde wieder angenommen, daß der Giftstoff mit der konstanten Rate $L[\text{mg/min}]$ erzeugt wird und danach direkt in den extrazellulären Flüssigkeitsraum gelangt.

Die Gleichung (7.18) beschreibt in Analogie zu (7.15) den Giftstofftransportfluß vom extra- in den intrazellulären Flüssigkeitsraum.

Die Gleichungen (7.18), (7.19) werden auch in [5] aufgestellt. Für das Zeitintervall $[0, t_d]$ wird dort für eine konstante Durchlässigkeit $C_M(t) = C_M$ ihre Lösung bei Vorgabe von $K_E(0)$ und $K_Z(0)$ explizit angegeben. Die dabei aufgestellten expliziten Lösungsformeln, können benutzt werden, um periodische Lösungen $K_Z = K_Z(t)$, $K_E = K_E(t)$ von (7.18), (7.19) herzuleiten, d.h. solche, für die gilt

$$K_Z(T) = K_Z(0) \quad \text{und} \quad K_E(T) = K_E(0) \; , \tag{7.20}$$

so daß sich die zeitliche Entwicklung von K_Z und K_E im Abstand T periodisch wiederholt. Auf die Berechnung solcher periodischer Lösungen werden wir in Abschnitt 7.3.2 eingehen. Dazu muß aber zunächst ein realistischer Wert für die unbekannte Zelldurchlässigkeit C_Z gefunden werden. Das geschieht im nächsten Abschnitt.

7.2.2 Bestimmung der Zelldurchlässigkeit

In den Differentialgleichungen (7.18), (7.19) sind die Größen V_E, V_Z, C_M, C_r, L einer Messung oder experimentellen Bestimmung zugänglich. Die Zeiten t_d und T können festgelegt werden, und der Anfangswert $K_E(0)$ ist auch durch Messung bestimmbar, nicht jedoch der Anfangswert $K_Z(0)$.

In [2] wurde gezeigt, daß das System (7.18), (7.19) von Differentialgleichungen für jede Wahl der Parameter V_E, V_Z, C_Z, C_M, C_r, L, T und t_d genau ein Lösungspaar (K_E, K_Z) mit

$$K_E(t) > 0 \; , \quad K_Z(t) > 0 \quad \text{für alle} \quad t \in [0, T]$$

besitzt, welches die Periodizitätsbedingung (7.20) erfüllt.

Dieses werden wir uns zunutze machen, um für die unbekannte Zelldurchlässigkeit C_Z einen realistischen Wertebereich zu bestimmen. Dazu nehmen wir an, daß keine Nierentätigkeit mehr vorhanden ist, und setzen $C_r = 0$. Wir betrachten zunächst das System (7.18), (7.19) im Zeitintervall $[t_d, T]$. In diesem leitet man für die Differenz

$$y(t) = K_E(t) - K_Z(t)$$

die Differentialgleichung

$$\dot{y}(t) = -\beta\, y(t) + \gamma \tag{7.21}$$

her, wobei

$$\beta = C_Z \left(\frac{1}{V_E} + \frac{1}{V_Z} \right) \quad \text{und} \quad \gamma = \frac{L}{V_E}$$

gesetzt wurde. Diese hat als Lösung zu vorgegebenem Anfangswert $y(t_d)$ die Funktion

$$y(t) = y(t_d)\, e^{-\beta(t - t_d)} + \frac{\gamma}{\beta} \left(1 - e^{-\beta(t - t_d)} \right) \; .$$

Wir geben uns die realistischen Werte $V_E = 13600$, $V_Z = 2V_E = 27200\,[\text{ml}]$ vor und wählen $T = 2880$ und $t_d = 360\,[\text{min}]$. Geht man davon aus, daß die Zelldurchlässigkeit C_Z für Harnstoff den Wert $1000\,[\text{ml/min}]$ nicht übertrifft und wählt $C_Z = 1000$, so ergibt sich $\beta \approx 0.11$ und $e^{-\beta(T-t_d)} = e^{-277.94} \approx 0$. Damit ist $y(T) = \frac{\gamma}{\beta}$, woraus sich in Verbindung mit der Periodizitätsbedingung (7.20) die Aussage

$$K_E(0) - K_Z(0) = \frac{L}{C_Z}\,\frac{V_Z}{V_E + V_Z} \tag{7.22}$$

ergibt. Diese ist auch für andere Werte von t_d und T als gültig anzusehen, wenn nur t_d im Verhältnis zu T klein ist (was praktisch immer zutrifft).

Um nun C_Z zu bestimmen, gibt man sich einen realistischen Wert für $K_E(0)$ vor, etwa $K_E(0) = 1.5\,[\text{mg/ml}]$. Sodann wählt man für C_Z versuchsweise einen Wert und bestimmt dazu die Giftstofferzeugungsrate L so, daß sich der vorgegebene Wert von $K_E(0)$ und der aus (7.22) sich für $K_Z(0)$ ergebende Wert für $t = T$ wieder einstellen.

Wählt man für die Durchlässigkeit der künstlichen Niere die Funktion

$$C_M(t) = C_0\,e^{-0.001t} \quad \text{mit} \quad C_0 = 123\,[\text{ml/min}]\,,$$

so erhält man folgende Tabelle:

C_Z	400	450	500	550	600	[ml/min]
L	12.78	12.97	13.05	13.12	13.18	[mg/min
$K_Z(0)$	1.4786	1.4808	1.4826	1.4841	1.4854	[mg/ml]

Wählt man also für C_Z einen Bereich von 400 bis $600\,[\text{ml/min}]$, so stellt sich im Falle der Periodizität (2.7) bei vorgegebenem $K_E(0) = 1.5\,[\text{mg/ml}]$ für $K_Z(0)$ ungefähr der Wert $1.48\,[\text{mg/ml}]$ ein. Damit ist C_Z zwar nicht sehr genau festgelegt; gibt man sich aber umgekehrt L und C_Z vor, so hängt der Wert $K_E(0)$ der zugehörigen periodischen Lösung (K_Z, K_E) von (7.18), (7.19) bei fester Wahl von L nicht sehr stark von C_Z ab, So ergibt sich bei $L = 10\,[\text{mg/min}]$ z.B. für $C_Z = 500 \pm 100\,[\text{ml/min}]$ die Streuung $K_E(0) = 1.15\left\{\begin{matrix} -0.012 \\ +0.016 \end{matrix}\right\}\,[\text{mg/ml}]$, wie aus der folgenden Tabelle hervorgeht:

C_Z	400	450	500	550	600	[ml/min]
$K_E(0)$	1.1654	1.1564	1.1491	1.1431	1.1382	[mg/ml]

Wir werden daher im folgenden für C_Z einheitlich den Wert $500\,[\text{ml/min}]$ zugrundelegen.

Der Wert $K_E(0)$ bei einer periodischen Lösung ändert sich auch nicht stark, wenn man nicht nur C_Z (im Bereich $400 - 600\,[\text{ml/min}]$), sondern auch L etwas variiert. Wir demonstrieren das anhand der folgenden Tabelle:

C_Z	400	450	500	550	600	[ml/min]
L	9.90	9.94	10.00	10.03	10.06	[mg/min]
$K_E(0)$	1.154	1.149	1.149	1.147	1.145	[mg/ml]

7.3 Berechnung periodischer Giftstoffkonzentrationen

7.3.1 Die allgemeine Methode

Definiert man eine Vektorfunktion $y(t) = (K_Z(t), K_E(t))^T$, ihre zeitliche Ableitung $\dot{y}(t) = (\dot{K}_Z(t), \dot{K}_E(t))^T$ sowie

$$A(t) = \begin{pmatrix} -\frac{C_Z}{V_Z} & \frac{C_Z}{V_Z} \\ \frac{C_Z}{V_E} & -\frac{C_Z+C(t)}{V_E} \end{pmatrix} \ , \ b = \begin{pmatrix} 0 \\ \frac{L}{V_E} \end{pmatrix} \ , \tag{7.23}$$

so kann man die Differentialgleichungen (7.18), (7.19) auch in der Form

$$\dot{y}(t) = A(t)\,y(t) + b \tag{7.24}$$

schreiben. Für jeden Anfangsvektor $y^\circ = (K_Z^\circ, K_E^\circ)^T$ gibt es dann bekanntlich genau eine absolut stetige Vektorfunktion $y = y(t)$ mit $y(0) = y^\circ$, die für alle $t \in (0,T)\backslash\{t_d\}$ die Gleichung (7.24) erfüllt und gegeben ist durch die Formel der Variation der Konstanten

$$y(t) = Y(t)\{y^\circ + \int\limits_0^t Y(s)^{-1}\,b\,ds\} \ , \quad t \in [0,T] \ , \tag{7.25}$$

wobei $Y = Y(t)$ eine 2×2-Matrixfunktion ist (die sog. Fundamentalmatrixfunktion), die der Matrixdifferentialgleichung

$$\dot{Y}(t) = A(t)\,Y(t) \quad \text{für alle} \quad t \in (0,T)\backslash\{t_d\} \tag{7.26}$$

und der Anfangsbedingung

$$Y(0) = E_2 = 2 \times 2 - \text{Einheitsmatrix} \tag{7.27}$$

genügt.

Aus der Darstellung (7.25) folgt, daß $y = y(t)$ genau dann T-periodisch ist, wenn gilt

$$(E_2 - Y(T))\,y^0 = Y(T)\int\limits_0^T Y(s)^{-1}\,b\,ds \ . \tag{7.28}$$

Definiert man die Vektorfunktion

$$\tilde{y}(t) = Y(t)\int\limits_0^t Y(s)^{-1}\,b\,ds \ , \quad t \in [0,T] \ , \tag{7.29}$$

dann ist $\tilde{y} = \tilde{y}(t)$ die eindeutige absolut stetige Vektorfunktion mit

$$\dot{\tilde{y}}(t) = A(t)\,\tilde{y}(t) + b \quad \text{für alle} \quad t \in (0,T)\backslash\{t_d\} \tag{7.30}$$

und

$$\tilde{y}(0) = \theta_2 = \text{Nullvektor in } I\!\!R^2 \ . \tag{7.31}$$

Die Berechnung der eindeutigen absolut stetigen, T-periodischen Lösung $y = y(t)$ von (7.24) für $t \in (0,T)\backslash\{t_d\}$ kann dann in vier Schritten erfolgen:

1) Man bestimme die absolut stetige Lösung $\tilde{y} = \tilde{y}(t)$ von (7.30), (7.31).

2) Für $e^1 = (1,0)^T$ und $e^2 = (0,1)^T$ bestimme man die absolut stetige Lösung $y^i = y^i(t)$ von

$$\dot{y}^i(t) = A(t)\, y^i(t) \quad \text{für alle} \quad t \in (0,T)\backslash\{t_d\} \tag{7.32}$$

und

$$y^i(0) = e^i \quad \text{für} \quad i = 1,2 \; . \tag{7.33}$$

Dann ist die Lösung von (7.26), (7.27) gegeben durch

$$Y(t) = (y^1(t)|\, y^2(t)) \; , \quad t \in [0,T] \; .$$

3) Man löse das lineare Gleichungssystem

$$(E_2 - Y(t))\, y^0 = \tilde{y}(T) \tag{7.34}$$

nach $y^0 \in I\!R^2$ auf.

4) Man bestimme die eindeutige absolut stetige Lösung $y = y(t)$ von (7.24) für alle $t \in (0,T)\backslash\{t_d\}$ mit $y(0) = y^0$.

Basierend auf physikalischen Überlegungen ist es möglich, in Schritt 2) die Matrix $Y(T)$ direkt aus der Matrix $Y(t_d)$ zu gewinnen, falls T im Verhältnis zu t_d genügend groß ist (was praktisch immer der Fall ist) und falls die Nierenrestfunktion $C_r = 0$ ist. Zu dem Zweck definieren wir

$$\gamma_i = V_Z\, y_1^i(t_d) + V_E\, y_2^i(t_d) \; , \tag{7.35}$$

wobei $y^i(t) = (y_1^i(t), y_2^i(t))^T$ für $i = 1,2$. Dann ist γ_i die Gesamtmenge des Giftstoffes in Z und E am Ende der Dialyse bei den Anfangskonzentrationen

$$y_j^i = \begin{cases} 0 & \text{für} \quad i \neq j \; , \\[2mm] 1 & \text{für} \quad i = j \; , \end{cases} \quad i,j = 1,2 \; .$$

Der zeitliche Ablauf von $y^1(t)$ bzw. $y^2(t)$ für $t \in [t_d, T]$ bedeutet physikalisch, daß sich mit wachsendem t die anfangs, d.h. für $t = t_d$, vorhandene Giftstoffmenge γ_1 bzw. γ_2 gleichmäßig auf Z und E verteilt, so daß gilt

$$\lim_{T\to\infty} y_j^1(T) = \frac{\gamma^1}{V} \quad \text{und} \quad \lim_{T\to\infty} y_j^2(T) = \frac{\gamma^2}{V}$$

für $j = 1,2$, wobei $V = V_Z + V_E$ ist. Daher können wir für genügend großes $T > t_d$ annehmen, daß

$$Y(T) \approx \frac{1}{V} \begin{pmatrix} \gamma_1 \; \gamma_2 \\ \gamma_1 \; \gamma_2 \end{pmatrix} \tag{7.36}$$

ist. Weiter ist

$$\gamma_1 < V_Z \quad \text{und} \quad \gamma_2 < V_E \;, \tag{7.37}$$

da V_Z bzw. V_E die Gesamtgiftstoffmenge zur Zeit $t = 0$ ist für $i = 1$ bzw. 2 und im Zeitintervall $[0, t_d]$ auf Grund der Dialyse verringert wird.

Auf ähnliche Weise läßt sich auch $\tilde{y}(T) = (\tilde{K}_Z(T), \tilde{K}_E(T))^T$ aus $\tilde{y}(t_d) = (\tilde{K}_Z(t_d), \tilde{K}_E(t_d))^T$ ableiten. Zunächst ergibt sich aus den Betrachtungen in Abschnitt 7.2.2, daß gilt

$$\tilde{K}_E(T) - \tilde{K}_Z(T) \approx \frac{L}{C_Z} \frac{V_Z}{V_E + V_Z} \tag{7.38}$$

(vgl. (7.22)).

Durch Multiplikation der ersten Gleichung von (7.30) mit V_Z, der zweiten mit V_E und anschließender Addition erhält man

$$V_Z \, \dot{\tilde{K}}_Z(t) + V_E \, \dot{\tilde{K}}_E(t) = L \quad \text{für} \quad t \in (t_d, T) \;.$$

Daraus folgt

$$V_Z \, \tilde{K}_Z(t) + V_E \, \tilde{K}_E(t) = L(t - t_d) + V_Z \, \tilde{K}_Z(t_d) + V_E \, \tilde{K}_E(t_d) \;.$$

Mithin ist

$$V_Z \, \tilde{K}_Z(T) + V_E \, \tilde{K}_E(T) = L(T - t_d) + V_Z \, \tilde{K}_Z(t_d) + V_E \, \tilde{K}_E(t_d) \;. \tag{7.39}$$

Setzt man

$$M_d = V_Z \, \tilde{K}_Z(t_d) + V_E \, \tilde{K}_E(t_d) \;, \tag{7.40}$$

so ergibt sich aus (7.38) und (7.39)

$$\left.\begin{aligned}
\tilde{K}_Z(T) &\approx \tfrac{1}{V_Z+V_E} \left[L(T - t_d) + M_d - \tfrac{L}{C_Z} \tfrac{V_E V_Z}{V_Z+V_E} \right] , \\
\tilde{K}_E(T) &\approx \tfrac{1}{V_Z+V_E} \left[L(T - t_d) + M_d + \tfrac{L}{C_Z} \tfrac{V_Z^2}{V_Z+V_E} \right] .
\end{aligned}\right\} \tag{7.41}$$

Das Gleichungssystem (7.34) lautet explizit

$$\begin{aligned}
(1 - \tfrac{\gamma_1}{V}) \, K_Z^0 - \tfrac{\gamma_2}{V} \, \tilde{K}_E^0 &= \tilde{K}_Z(T) \;, \\
-\tfrac{\gamma_1}{V} \, K_Z^0 + (1 - \tfrac{\gamma_2}{V}) \, K_E^0 &= \tilde{K}_E(T) \;.
\end{aligned} \tag{7.42}$$

Durch Subtraktion der ersten Gleichung von der zweiten erhält man erwartungsgemäß (vgl. (7.22))

$$K_E^0 - K_Z^0 = \tilde{K}_E(T) - \tilde{K}_Z(T) = \frac{L}{C_Z} \frac{V_Z}{V_Z + V_E} \;,$$

mithin

$$K_E^0 \approx K_Z^0 + \frac{L}{C_Z} \frac{V_Z}{V_Z + V_E} \;. \tag{7.43}$$

Einsetzen in die erste Gleichung von (7.42) und Auflösung nach K_Z^0 liefert schließlich

$$K_Z^0 = \frac{1}{V - \gamma_1 - \gamma_2} \left[-\frac{\gamma_2 \, L \, V_Z}{C_Z} + V \, K_Z(T) \right] \;. \tag{7.44}$$

(Man beachte, daß $\gamma_1 + \gamma_2 < V$ ist – vgl. (7.37)).

7.3.2 Der Fall konstanter Durchlässigkeit der künstlichen Niere

Wir nehmen an, es sei

$$C_M(t) = C_M \quad \text{für alle} \quad t \in [0, t_d] \ .$$

Weiter nehmen wir an, es sei $C_r = 0$, d.h. es sei keine Restfunktion der Nieren mehr vorhanden. Als eindeutige Lösungen der Differentialgleichungen (7.18), (7.19) auf $(0, t_d)$ und der Anfangsbedingungen

$$K_Z(0) = K_Z^0 \quad \text{und} \quad K_E(0) = K_E^0 \tag{7.45}$$

erhält man dann

$$\begin{aligned}
K_Z(t) &= K_Z^0\, e^{-\delta t} + \tfrac{C_1\,\delta}{\delta + \lambda_1}\left(e^{\lambda_1 t} - e^{-\delta t}\right) \\
&\quad + \tfrac{C_2\,\delta}{\delta + \lambda_2}\left(e^{\lambda_2 t} - e^{-\delta t}\right) - \tfrac{\gamma}{\alpha + \beta}\left(1 - e^{-\delta t}\right) , \\
K_E(t) &= C_1\, e^{\lambda_1 t} + C_2\, e^{\lambda_2 t} - \tfrac{\gamma}{\alpha + \beta} , \quad t \in [0, t_d] ,
\end{aligned} \tag{7.46}$$

wobei

$$\alpha = -\frac{C_M + C_Z}{V_E} , \quad \beta = \frac{C_Z}{V_E} , \quad \gamma = \frac{L}{V_E} , \quad \delta = \frac{C_Z}{V_Z} , \tag{7.47}$$

$$\lambda_{1,2} = -\frac{A}{2} \pm \sqrt{\frac{A^2}{4} - B} \ , \tag{7.48}$$

$$A = \delta - \alpha \ , \quad B = -\delta(\alpha + \beta) \ , \tag{7.49}$$

$$C_1 = \frac{1}{\lambda_2 - \lambda_1}\left[(\lambda_2 - \alpha)\, K_E^0 - \beta\, K_Z^0 + \frac{\gamma(\lambda_2 - \lambda_1)}{\alpha + \beta} - \gamma\left(1 - \frac{\lambda_1}{\alpha + \beta}\right)\right] , \tag{7.50}$$

$$C_2 = \frac{1}{\lambda_2 - \lambda_1}\left[(\alpha - \lambda_1)\, K_E^0 + \beta\, K_Z^0 + \gamma\left(1 - \frac{\lambda_1}{\alpha + \beta}\right)\right] . \tag{7.51}$$

Hieraus ergibt sich insbesondere für die Lösung $\tilde{y}(t) = (\tilde{K}_Z(t), \tilde{K}_E(t))^T$ von (7.30), (7.31):

$$\begin{aligned}
\tilde{K}_Z(t) &= \frac{\tilde{C}_1\,\delta}{\delta + \lambda_1}\left(e^{\lambda_1 t} - e^{-\delta t}\right) + \frac{\tilde{C}_2\,\delta}{\delta + \lambda_2}\left(e^{\lambda_2 t} - e^{-\delta t}\right) \\
&\quad - \frac{\gamma}{\alpha + \beta}\left(1 - e^{-\delta t}\right) , \\
\tilde{K}_E(t) &= \tilde{C}_1\, e^{\lambda_1 t} + \tilde{C}_2\, e^{\lambda_2 t} - \frac{\gamma}{\alpha + \beta} , \quad t \in [0, t_d] ,
\end{aligned} \tag{7.52}$$

wobei

$$\tilde{C}_1 = \frac{\gamma(\lambda_2 - \alpha - \beta)}{(\lambda_2 - \lambda_1)(\alpha + \beta)} , \quad \tilde{C}_2 = \frac{\gamma(\alpha + \beta + \lambda_1)}{(\lambda_2 - \lambda_1)(\alpha + \beta)} \ . \tag{7.53}$$

Hiermit errechnet man

$$M_d = V_Z\,\tilde{K}_Z(t_d) + V_E\,\tilde{K}_E(t_d)$$

und weiter $\tilde{K}_Z(t)$ und $\tilde{K}_E(t)$ aus (7.41).

Zur Berechnung von K_Z^0 und K_E^0 gemäß (7.43), (7.44) benötigen wir noch die Größen γ_1 und γ_2 nach (7.35) und dazu $y_1^1(t_d) = K_Z^1(t_d)$, $y_2^1(t_d) = K_E^1(t_d)$ sowie $y_1^2(t_d) = K_Z^2(t_d)$, $y_2^2(t_d) = K_E^2(t_d)$, wobei $K_Z^i = K_Z^i(t)$, $K_E^i = K_E^i(t)$ für $i = 1,2$ die Lösungen von (7.18), (7.19) auf $(0, t_d)$ sind mit den Anfangsbedingungen

$$K_Z^1(0) = 1\,, \quad K_E^1(0) = 0 \quad \text{und} \quad K_Z^2(0) = 0\,, \quad K_E^2(0) = 1\,.$$

Diese ergeben sich aus (7.46) und (7.50), (7.51) zu

$$
\begin{aligned}
K_Z^1(t) &= e^{-\delta t} + \frac{C_1^1\,\delta}{\delta + \lambda_1}\,(e^{\lambda_1 t} - e^{-\delta t}) \\
&\quad + \frac{C_2^1\,\delta}{\delta + \lambda}\,(e^{\lambda_2 t} - e^{-\delta t}) - \frac{\gamma}{\alpha + \beta}\,(1 - e^{-\delta t}) \\
K_E^1(t) &= C_1^1\,e^{\lambda_1 t} + C_2^1\,e^{\lambda_2 t} - \frac{\gamma}{\alpha + \beta}\,,\quad t \in [0, t_d]\,,
\end{aligned}
\tag{7.54}
$$

wobei

$$
\left.
\begin{aligned}
C_1^1 &= \frac{1}{\lambda_2 - \lambda_1}\,[-\beta + \frac{\gamma(\lambda_2 - \lambda_1)}{\alpha + \beta} - \gamma\,(1 - \frac{\gamma_1}{\alpha + \beta})] \\
C_2^1 &= \frac{1}{\lambda_2 - \lambda_1}\,[\beta + \gamma\,(1 - \frac{\lambda_1}{\alpha + \beta})]\,,
\end{aligned}
\right\}
\tag{7.55}
$$

und

$$
\left.
\begin{aligned}
K_Z^2(t) &= \frac{C_1^2\,\delta}{\delta + \lambda_1}\,(e^{\lambda_1 t} - e^{-\delta t}) + \frac{C_2^2\,\delta}{\delta + \lambda_2}\,(e^{\lambda_2 t} - e^{-\delta t}) \\
&\quad - \frac{\gamma}{\alpha + \beta}\,(1 - e^{-\delta t}) \\
K_E^2(t) &= C_1^2\,e^{\lambda_1 t} + C_2^2\,e^{\lambda_2 t} - \frac{\gamma}{\alpha + \beta}\,,\quad t \in [0, t_d]\,,
\end{aligned}
\right\}
\tag{7.56}
$$

wobei

$$
\begin{aligned}
C_1^2 &= \frac{1}{\lambda_2 - \lambda_1}\,[\lambda_2 - \alpha + \frac{\gamma(\lambda_2 - \lambda_1)}{\alpha + \beta} - \gamma\,(1 - \frac{\lambda_1}{\alpha + \beta})]\,, \\
C_2^2 &= \frac{1}{\lambda_2 - \lambda_1}\,[\alpha - \lambda_1 + \gamma\,(1 - \frac{\lambda_1}{\alpha + \beta})]\,.
\end{aligned}
\tag{7.57}
$$

7.4   Diskretisierung der Modellgleichungen

In der Praxis wird die Durchlässigkeit der künstlichen Niere nicht konstant sein, sondern im Laufe des Dialyseprozeses abnehmen. In diesem Fall lassen sich die Lösungen von (7.18), (7.19) nicht mehr in geschlossener Form angeben, sondern müssen durch Näherungslösungen ersetzt werden. Für die numerische Berechnung solcher Näherungslösungen empfiehlt sich eine Diskretisierung der Modellgleichungen, die im einfachsten Fall darin besteht, daß man die zeitlichen Ableitungen $\dot{K}_Z(t)$ und $\dot{K}_E(t)$ auf der linken Seite von (7.18), (7.19) durch Differenzenquotienten ersetzt (vgl. [4]). Zu dem Zweck wählen wir eine Zeitschrittweite $\Delta t > 0$ derart, daß gilt

$$t_d = K \cdot \Delta t \quad \text{und} \quad T = N \cdot \Delta t \tag{7.58}$$

für K und $N \in I\!N$ mit $2 \le K(< N)$.

Die diskretisierten Modellgleichungen lauten dann

$$\left. \begin{aligned} V_Z(K_Z(t + \Delta t) - K_Z(t)) &= -C_Z \,\Delta t (K_Z(t) - K_E(t)) \\[4pt] V_E(K_E(t + \Delta t) - K_E(t)) &= C_Z \,\Delta t (K_Z(t) - K_E(t)) \\[4pt] &\quad -C(t)\,\Delta t\,K_E(t) + L\,\Delta t \end{aligned} \right\} \tag{7.59}$$

für $t \in \{k \cdot \Delta t \mid k = 0, \ldots, N - 1\}$ und $C(t)$ nach (7.17).

Definiert man

$$x(t) = \begin{pmatrix} K_Z(t) \\ K_E(t) \end{pmatrix}, \quad b = \begin{pmatrix} 0 \\ L\,\Delta t/V_E \end{pmatrix}, \quad B(t) = \begin{pmatrix} b_{11} & b_{12} \\ b_{21} & b_{22}(t) \end{pmatrix}, \tag{7.60}$$

wobei

$$\begin{aligned} b_{11} &= 1 - C_Z\,\Delta t/V_Z\,, \quad b_{12} = C_Z\,\Delta t/V_Z\,, \\[4pt] b_{21} &= C_Z\,\Delta t/V_E\,, \qquad b_{22}(t) = 1 - (C(t) + C_Z)\,\Delta t/V_E \end{aligned} \tag{7.61}$$

gesetzt wird, dann lassen sich die Differenzengleichungen (7.59) auch in der Form

$$x(t + \Delta t) = B(t)\,x(t) + b \tag{7.62}$$

schreiben.

Wir werden im folgenden zeigen, daß unter der Annahme

$$\begin{aligned} C_M(t) &\le C_M \quad \text{für alle} \quad t \in [0, t_d) \quad \text{und} \\[4pt] \Delta t &< \min(V_Z/C_Z\,, \ V_E/(C_M + C_r + C_Z)) \end{aligned} \tag{7.63}$$

das System (7.59) $\Longleftrightarrow$ (7.62) genau eine Lösung $x(t) = (K_Z(t), K_E(t))^T$ besitzt mit

$$\begin{aligned} K_Z(t) &> 0\,, \quad K_E(t) > 0 \quad \text{und} \quad x(t + T) = x(t) \\[4pt] &\text{für alle} \quad t = k \cdot \Delta t\,, \quad k = 0, 1, \ldots\,. \end{aligned} \tag{7.64}$$

Für hinreichend kleines Δt im Verhältnis zu T kann man diese Lösung als Ersatz für die zugehörige periodische Lösung von (7.18), (7.19) verwenden.

Zur Berechnung der periodischen Lösung von (7.62) definieren wir zunächst

$$t_k = k \cdot \Delta t \quad \text{und} \quad B_k = B(t_k) \quad \text{für} \quad k = 0, \ldots, N\,.$$

Dann ergibt sich aus

$$
\begin{aligned}
x(t_1) &= B_0\, x(t_0) + b_0 \,, \quad b_0 = b \,, \\
x(t_2) &= B_1\, B_0\, x(t_0) + b_1 \,, \quad b_1 = B_1\, b_0 + b_0 \,,
\end{aligned}
$$

allgemein

$$
\begin{aligned}
x(t_k) &= B_{k-1}\, B_{k-2}\ldots B_0\, x(t_0) + b_{k-1} \,, \\
b_{k-1} &= B_{k-1}\, b_{k-2} + b_0 \,,
\end{aligned}
\tag{7.65}
$$

und schließlich

$$
\begin{aligned}
x(t_N) &= B_{N_1}\, B_{N-2}\ldots B_0\, x(t_0) + b_{N-1} \,, \\
b_{N-1} &= B_{N-1}\, b_{N-2} + b_0 \,.
\end{aligned}
$$

Für die periodische Lösung des Systems (7.62) ergibt sich daher $x(t_0)$ als Lösung des linearen Gleichungssystems

$$
(I - D)\, x(t_0) = b_{N-1} \,, \quad I = \begin{pmatrix} 1 & 0 \\ 0 & 1 \end{pmatrix} \,,
\tag{7.66}
$$

mit

$$
D = B_{N-1}\, B_{N-2}\ldots B_0 \,.
\tag{7.67}
$$

Hat man $x(t_0)$ als Lösung von (7.66) berechnet, so ergeben sich $x(t_1),\ldots,x(t_N)$ aus (7.65) für $k = 1,\ldots,N$. Die Matrix D nach (7.67) berechnet man am einfachsten folgendermaßen:

1) Man setzt $e^1 = (1,0)^T$ und berechnet

$$
d^1 = (d_1^1, d_2^1)^T = B_{N-1}\, B_{N-2}\ldots B_0\, e^1 \,.
\tag{7.68}
$$

2) Man setzt $e^2 = (0,1)^T$ und berechnet

$$
d^2 = (d_1^2, d_2^2)^T = B_{N-1}\, B_{N-2}\ldots B_0\, e^2 \,.
\tag{7.69}
$$

Dann ist

$$
D = \begin{pmatrix} d_1^1 & d_1^2 \\ d_2^1 & d_2^2 \end{pmatrix} \,.
\tag{7.70}
$$

Wir kommen abschließend noch zum Nachweis positiver periodischer Lösungen von (7.62).

Unter der Annahme (7.63) bestehen alle Matrizen B_k aus positiven Elementen. Das trifft dann auch für die durch (7.67) definierte Matrix D zu. Gelingt es uns zu zeigen, daß der Spektralradius $\rho(D)$ von D kleiner ist als 1, so folgt daraus die Invertierbarkeit von $E_2 - D$, und die Matrix

$$(E_2 - D)^{-1} = \sum_{k=0}^{\infty} D^k$$

besteht ebenfalls aus positiven Elementen, woraus folgt, daß die Lösung

$$x(t_0) = (E_2 - D)^{-1} b_{N-1}$$

von (7.66) positive Komponenten hat; denn aus der Definition (7.65) der Vektoren b_{k-1} für $k = 2, \ldots, N$ folgt, daß auch diese positive Komponenten haben.

Schließlich haben auch alle Vektoren $x(t_k)$, $k = 1, \ldots, N$, der zu $x(t_0)$ gehörigen T-periodischen Lösung von (7.62) auf Grund ihrer Definition positive Komponenten.

Damit verbleibt der Nachweis $\rho(D) < 1$.

Dazu definieren wir

$$a = C_Z \tfrac{\Delta t}{V_Z}, \quad b = C_Z \tfrac{\Delta t}{V_E},$$
$$a_k = C_M(t_k) \tfrac{\Delta t}{V_E} \quad \text{für} \quad k = 0, \ldots, K - 1,$$
$$d = C_r \tfrac{\Delta t}{V_E}.$$

Dann gilt

$$B_k = \begin{pmatrix} 1 - a & a \\ b & 1 - a_k - d - b \end{pmatrix} \quad \text{für} \quad k = 0, \ldots, K - 1$$

und

$$B_k = \begin{pmatrix} 1 - a & a \\ b & 1 - d - b \end{pmatrix}$$

für $k = K, \ldots, N - 1$. Daraus folgt

$$B_0 \begin{pmatrix} 1 \\ 1 \end{pmatrix} = \begin{pmatrix} 1 \\ 1 - a_0 - d \end{pmatrix}$$
$$B_1 B_0 \begin{pmatrix} 1 \\ 1 \end{pmatrix} = \begin{pmatrix} 1 - a & a \\ b & 1 - a_1 - d - b \end{pmatrix} \begin{pmatrix} 1 \\ 1 - a_0 - d \end{pmatrix}$$
$$= \begin{pmatrix} 1 - a(a_0 + d) \\ b + (1 - a_1 - d - b)(1 - a_0 - d) \end{pmatrix}$$
$$\leq \begin{pmatrix} 1 - a(a_0 + d) \\ 1 - a_1 - d \end{pmatrix} < \begin{pmatrix} 1 \\ 1 \end{pmatrix}.$$

Für jedes $k \in \{2, K-1\}$ gilt

$$B_k \begin{pmatrix} 1 \\ 1 \end{pmatrix} = \begin{pmatrix} 1 \\ 1 - a_k - a \end{pmatrix} \leq \begin{pmatrix} 1 \\ 1 \end{pmatrix} \; ,$$

und für jedes $k = K, \ldots, N-1$ ist

$$B_k \begin{pmatrix} 1 \\ 1 \end{pmatrix} = \begin{pmatrix} 1 \\ 1 - d \end{pmatrix} \leq \begin{pmatrix} 1 \\ 1 \end{pmatrix} \; .$$

Damit ergibt sich insgesamt

$$D \begin{pmatrix} 1 \\ 1 \end{pmatrix} = B_{N-1} \, B_{N-2} \ldots B_1 \, B_0 \begin{pmatrix} 1 \\ 1 \end{pmatrix} < \begin{pmatrix} 1 \\ 1 \end{pmatrix} \; .$$

Nach [1] gilt nun

$$\rho(D) \leq \max_{i=1,2} (Dy)_i / y_i$$

und für jedes $y = (y_1, y_2)^T$ mit $y_1 > 0$, $y_2 > 0$. Daraus folgt schließlich

$$\rho(D) \leq \max_{i=1,2} \left(D \begin{pmatrix} 1 \\ 1 \end{pmatrix} \right)_i < 1 \; .$$

7.5   Numerische Resultate für Harnstoff

In diesem Abschnitt sollen für das System (7.18), (7.19) näherungsweise durch Diskretisierung (z.B. wie in Abschnitt 7.4) berechnete (positive) periodische Lösungen $K_Z = K_Z(t)$ und $K_E = K_E(t)$ angegeben und in ihrer Abhängigkeit von den Parametern des Systems diskutiert werden.

Dabei legen wir einen 48-stündigen Dialyse-Rhythmus zugrunde, d.h., wir wählen $T = 2880\,[\text{min}]$. Für die Durchlässigkeit der künstlichen Niere verwenden wir wieder die Funktion

$$C_M(t) = C_0 \, e^{-0.001t} \; , \quad t \in [0, t_d] \; ,$$

wobei für C_0 die Werte 132, 160, 181 [ml/min] benutzt werden.

Weiter wählen wir (wie in Abschnitt 7.2) $V_E = 13600$, $V_Z = 2V_E = 27200\,[\text{ml}]$. Für die Zelldurchlässigkeit C_Z legen wir den Wert 500 [ml/min] zugrunde und setzen die Harnstofferzeugungsrate L durch den Wert 10 [mg/min] fest. Die oben genannte Diskretisierung von (7.18), (7.19) wurde nach dem Runge-Kutta-Verfahren mit der Schrittweite $\Delta t = 1\,[\text{min}]$ durchgeführt.

Wir nehmen zunächst an, daß keine Nierenrestfunktion vorliegt, d.h., daß $C_r = 0$ ist. Wir geben im folgenden nur die Werte für $K_E(t)$ an; denn diese Größe kann auch gemessen werden.

Die folgende Tabelle gibt einige Werte von $K_E(t)$ während des Dialyseintervalles in Abhängigkeit von C_0 und t_d wieder:

C_0	132	132	132	160	160	160	181	181	181
t_d	300	360	420	300	360	420	300	360	420
$K_E(0)$	1.284	1.149	1.052	1.144	1.032	0.950	1.069	0.969	0.896
$K_E(60)$	.981	.879	.806	.828	.748	.690	.744	.675	.625
$K_E(120)$	.851	.764	.702	.700	.633	.585	.617	.561	.520
$K_E(180)$	.749	.673	.619	.601	.545	.505	.521	.475	.441
$K_E(240)$	.665	.600	.553	.523	.476	.441	.446	.408	.380
$K_E(300)$	.597	.539	.498	.460	.420	.390	.388	.355	.332
$K_E(360)$		.489	.453		.375	.349		.314	.294
$K_E(420)$			.425			.316			.264
$\frac{K_E(t_d)}{K_E(0)}$	0.465	0.426	0.404	0.402	0.363	0.333	0.363	0.324	0.295

In der letzten Zeile ist der Dialyse-Effekt

$$E(C_0, t_d) = \frac{K_E(t_d)}{K_E(0)} \tag{7.71}$$

aufgeführt, welcher sich sowohl bezüglich C_0 (bei festem t_d), als auch bezüglich t_d (bei festem C_0) als monoton fallend erweist und damit erwartungsgemäß zeigt, daß sich der Anteil des durch Dialyse entfernten Giftstoffes mit wachsendem t_d und C_0 erhöht. Bei festem C_0 ist allerdings der Zuwachs beim Übergang von 5 Stunden Dialysezeit auf 6 Stunden größer als beim Übergang von 6 auf 7 Stunden, so daß man eine Erhöhung des Dialyse-Effektes besser durch Erhöhung von C_0 zu erzielen versuchen sollte.

Die folgende Tabelle zeigt den Einfluß der Nierenrestfunktion auf die Werte des K_E-Anteils der periodischen Lösung von (7.18), (7.19). Dazu wählen wir $t_d = 360\,[\text{min}]$ und $C_0 = 132\,[\text{ml/min}]$. Dann ergibt sich

C_r	1	2	3	4	5	6
$K_E(0)$	1.061	.985	.918	.860	.808	.761
$K_E(60)$	.812	.753	.702	.658	.618	.582
$K_E(120)$	.706	.665	.611	.572	.538	.507
$K_E(180)$	.622	.578	.539	.505	.475	.448
$K_E(240)$	.554	.515	.481	.450	.424	.400
$K_E(300)$	.499	.464	.433	.406	.382	.361
$K_E(360)$	.453	.422	.394	.370	.349	.329
$\frac{K_E(t_d)}{K_E(0)}$	0.427	0.428	0.429	0.430	0.432	0.432

Die Tabelle zeigt, daß sich zwar der Dialyse-Effekt gegenüber dem Fall $C_r = 0$ nicht verbessert (ja, sogar noch verschlechtert) und mit wachsendem C_r ungünstiger wird, daß aber die Maximalwerte $K_E(0)$ von $K_E(t)$ mit wachsendem C_r signifikant kleiner werden. Das ist auch verständlich, da die Nierenrestfunktion ständig wirksam ist (in diesem Fall also 48 Stunden), die künstliche Niere hingegen nur in einem Bruchteil der Zeit (in diesem Fall in 6 Stunden).

Ist die Nierenrestfunktion groß genug, so kann man auf die Dialyse verzichten, d.h. $C_M(t) = 0$ wählen für $t \in [0, t_d]$, so daß gilt

$$C(t) = C_r \quad \text{für alle} \quad t \in [0, T] \; .$$

Die Gleichungen (7.18), (7.19) besitzen dann als eindeutige T-periodische Lösungen konstante Lösungen $K_Z(t) = K_Z$ und $K_E(t) = K_E$, die als eindeutige Lösungen des Gleichungssystems

$$C_Z(K_E - K_Z) = 0 \; ,$$
$$C_Z(K_Z - K_E) - C_r\, K_E + L = 0$$

gegeben sind durch

$$K_E = K_Z = \frac{L}{C_r} \; .$$

7.6 Bestimmung der Giftstofferzeugungsrate und Nierenrestfunktion

In Abschnitt 7.2.2 haben wir gezeigt, daß die Gleichungen (7.18), (7.19) äquivalent sind zu dem System (7.24), dessen eindeutige absolut stetige periodische Lösung gegeben ist durch die Formel (7.25) der Variation der Konstanten mit $x_0 = (K_Z^0, K_E^0)^T$ als eindeutiger Lösung des Gleichungssystems (7.28). Setzt man

$$x_0 = (E_2 - Y(T))^{-1}\, Y(T) \int\limits_0^T Y(s)^{-1}\, b\, ds$$

in (7.25) ein, so sieht man unmittelbar, daß die eindeutige absolut stetige periodische Lösung $x(t) = (K_Z(t), K_E(t))^T$ von (7.24) linear von $b = (0, L/V_E)^T$ abhängt. Kennzeichnet man die Abhängigkeit von $K_E(t)$ von L durch $K_E(t, L)$, so gilt insbesondere

$$K_E(t, L) = L \cdot K_E(t, 1) \tag{7.72}$$

oder auch

$$\frac{K_E(t, L_1)}{K_E(t, L_2)} = \frac{L_1}{L_2} \; . \tag{7.73}$$

Es genügt also, $K_E(t, L)$ als K_E-Anteil einer periodischen Lösung von (7.18) (7.19) für einen L-Wert, etwa für $L = 10$ (wie in Abschnitt 7.5) zu bestimmen, und kann dann $K(t, \tilde{L})$ vermöge (7.73) für jeden $\tilde{L}$-Wert berechnen.

Wir gehen im folgenden davon aus, daß sich bei einem Patienten bei einer 6-stündigen Dialyse in einem 48-stündigen Rhythmus ein periodischer Verlauf von $K_E(t)$ mit der Periode $T = 2880\,[\text{min}]$ eingestellt hat. Ist dann seine Nierenrestfunktion C_r bekannt, etwa $C_r = 0$, so läßt sich seine Harnstofferzeugungsrate L auf Grund der Beziehung

(7.73) experimentell wie folgt ermitteln: Man mißt den Wert $K_E(0, L)$ zu Beginn einer Dialyse. Sodann berechnet man die T-periodische Lösung von (7.18), (7.19), etwa für $L = 10\,[\mathrm{mg/min}]$, und berechnet daraus L vermöge

$$L = 10 \cdot \frac{K_E(0, L)}{K_E(0, 10)}\, . \tag{7.74}$$

Ist die Nierenrestfunktion C_r nicht bekannt, so kann man wie folgt vorgehen: Zu Beginn der Dialyse wird $K_E(0) = KE_0$ gemessen. Mindestens zwei Stunden nach Beendigung der Dialyse wird von einem Zeitpunkt t_a an (etwa innerhalb von 24 Stunden) bis zu einem Zeitpunkt $t_e(= t_a + 1440)\,[\mathrm{min}]$ der Urin des Patienten gesammelt und die darin enthaltene Harnstoffmenge H_g bestimmt. Daraus ergibt sich die im Zeitintervall $[t_a, t_e]$ pro Minute ausgeschiedene Harnstoffmenge zu $H = H_g/(t_e - t_a)$.

Sind C_r und L die zu bestimmenden Größen, so muß für den K_E-Anteil der zugehörigen T-periodischen Lösung $(K_Z(t, L, C_r), K_E(t, L, C_r))$ von (7.18), (7.19) gelten

$$H = \frac{1}{t_e - t_a} \int\limits_{t_a}^{t_e} C_r\, K_E(t, L, C_r)\, dt \tag{7.75}$$

und $K_E(0, L, C_r) = KE_0$.

Für $L = 10\,[\mathrm{mg/min}]$ sei

$$\overline{KE}(C_r) = \frac{1}{t_e - t_a} \int\limits_{t_a}^{t_e} K_E(t, 10, C_r)\, dt$$
$$\approx \tfrac{1}{6}\left(K_E(t_a, 10, C_r) + 4\,K_E\left(\tfrac{t_a + t_e}{2}, 10, C_r\right) + K_E\left(t_e, 10, C_r\right)\right)\, . \tag{7.76}$$

Aus (7.72) ergibt sich für alle $t \in [t_a, t_e]$

$$\frac{K_E(t, 10, C_r)}{K_E(0, 10, C_r)} = \frac{K_E(t, L, C_r)}{K_E(0, L, C_r)} = \frac{K_E(t, L, C_r)}{KE_0}\, ,$$

so daß man aus (7.75), (7.76) die Beziehung

$$\frac{\overline{KE}(C_r)}{K_E(0, 10, C_r)} = \frac{1}{C_r}\,\frac{H}{KE_0} \tag{7.77}$$

erhält. Wählt man $C_0 = 132\,[\mathrm{ml/min}]$, $t_d = 360\,[\mathrm{min}]$, $t_a = 660$, $t_e = 2100\,[\mathrm{min}]$, so ergibt sich für

$$g(C_r) = \frac{\overline{KE}(C_r)}{K_E(0, 10, C_r)}$$

die folgende Tabelle:

C_r	0	1	2	3	4	5
$g(C_r)$	0.6801	0.6843	0.6885	0.6927	0.6970	0.7012

Aus dieser leitet man die lineare Beziehung $g(C_r) = a\,C_r + b$ mit $a = 0.0042$, $b = 0.6801$ ab, so daß sich aus (7.77) für C_r die quadratische Gleichung

$$a\,C_r^2 + b\,C_r - \frac{H}{K\,E_0} = 0$$

mit der positiven Lösung

$$C_r = -\frac{b}{2a} + \sqrt{\frac{b^2}{4a^2} + \frac{H}{K\,E_0}} \tag{7.78}$$

ergibt.

Ist C_r auf diese Weise bestimmt, so erhält man L analog zu (7.74) als

$$L = 10\,\frac{K\,E_0}{K_E(0, 10, C_r)}\,. \tag{7.79}$$

Literaturverzeichnis

[1] F.R. Gantmacher: Applications of the Theory of Matrices. Interscience Publishers: New-York – London – Syndey 1959.

[2] D. Klingelhöfer, G.F. Koch und W. Krabs: Mathematische Behandlung eines Modells der Haemodialyse. Math. Meth. Appl. Sci $\underline{3}$ (1981), 393 - 404.

[3] W. Krabs: Über ein Drei-Kammer-Modell der Haemodialyse. ZAMM $\underline{63}$ (1983), 37 - 42.

[4] W. Krabs: A Discrete Model for the Process of Hemodialysis. In: Mathematische Modellierung, herausgegeben von A.M. Kempf und F. Wille. McGraw-Hill-Proceedings 1984, pp. 39 - 45.

[5] John A. Sargeant and Frank A. Gotch: Principles and Biophysics of Dialysis.

8 Ein mathematisches Modell für Rüstung

8.1 Die Aufstellung des Modells

In Abschnitt 6.2.2 haben wir ein einfaches Modell für Wettrüsten als Spezialfall eines allgemeinen Konkurrenzmodells betrachtet. Im Folgenden soll nun ein mathematisches Modell für Rüstung aufgestellt und untersucht werden, bei dem von $n \geq 2$ Nationen ausgegangen wird, die paarweise in friedlichen oder feindlichen Wechselbeziehungen stehen und sich durch Aufrechterhaltung von Waffenarsenalen gegen mögliche wechselseitige Angriffe zu schützen versuchen. Wir nehmen an, daß jede Nation die gleiche Anzahl m an Waffengattungen besitzt und für ihre Sicherheitszwecke einsetzt. Wir bezeichnen für die i-te Nation $(i = 1, \ldots, n)$ die Gesamtheit ihrer Waffengattungen zum Zeitpunkt $t(= 0, \ldots, N)$ mit dem Zeilenvektor $X_i(t) = (X_{i1}(t), \ldots, X_{im}(t))$, wobei $X_{ik}(t)$ die Größe der k-ten Waffengattung der Nation i zum Zeitpunkt t ist und als reelle Zahlengröße angenommen wird. Wir nehmen weiterhin an, daß die i-te Nation (für $i = 1, \ldots, n$) ihre Sicherheit zur Zeit $t(= 0, \ldots, N)$ mit Hilfe einer reellen Meßgröße S_i ausdrücken kann, die von allen $X_i(t)$ $(i = 1, \ldots, n)$ abhängt, d.h.

$$S_i = S_i(X_1(t), \ldots, X_n(t)) ,$$

und Sicherheitsfunktion genannt wird. Wir denken uns den neutralen Sicherheitswert auf Null normiert. Ein negativer Sicherheitswert ist dann ein Maß für Bedrohung und ein positiver Wert ein Maß für Sicherheit. Nach dieser Festlegung ist die Annahme

$$S_i(\theta_m, \ldots, \theta_m) = 0 \quad \text{für} \quad i = 1, \ldots, n \tag{8.1}$$

$(\theta_m = m$-dimensionaler Nullvektor) sinnvoll; denn sie besagt, daß bei völligem Fehlen von Waffenarsenalen keine Bedrohung, aber auch keine ausgeprägte Sicherheit vorliegt. Wir nehmen an, daß die Sicherheitsfunktionen S_i auf

$$\overset{\circ}{I\!R}_+^{\,n \cdot m} = \{X \in I\!R^{n \cdot m} \mid X_\ell > 0 \quad \text{für} \quad \ell = 1, \ldots, n \cdot m\}$$

stetige partielle Ableitungen $\frac{\partial S_i}{\partial X_{jk}}$, $i, j = 1, \ldots, n$, $k = 1, \ldots, m$, besitzen. Die Änderungen

$$\Delta S_i(X(t)) = S_i(X(t+1)) - S_i(X(t)) , \quad i = 1, \ldots, n ,$$

mit

$$X(t) = (X_1(t), \ldots, X_n(t))$$

können dann näherungsweise dargestellt werden in der Form

$$\Delta S_i(X(t)) = \sum_{j=1}^{n} \sum_{k=1}^{m} s_{ijk}(X(t)) \, \Delta X_{jk}(t) \qquad (8.2)$$

für $i = 1, \ldots, n$, wobei

$$s_{ijk}(X) = \frac{\partial S_i}{\partial X_{jk}}(X) \, , \quad X \in \overset{\circ}{I\!\!R}_+^{\,n \cdot m} \, , \qquad (8.3)$$

und

$$\Delta X_{jk}(t) = X_{jk}(t+1) - X_{jk}(t)$$

für $i, j = 1, \ldots, n$, $k = 1, \ldots, m$.

Die Waffenarsenale $X_{ik}(t)$ verursachen jeweils für die Nation i Kosten $C_i(X_i(t))$, von denen wir ebenfalls annehmen, daß sie, als Funktionen auf $\overset{\circ}{I\!\!R}_+$ betrachtet, stetige partielle Ableitungen

$$c_{ik}(X) = \frac{\partial C_i}{\partial X_{ik}}(X_i) \, , \quad X_i \in \overset{\circ}{I\!\!R}_+ \, ,$$

für $i = 1, \ldots, n$, $k = 1, \ldots, m$ besitzen.

Diese können wir jeweils als instantane Kostenänderung für Nation i bei instantaner Änderung des Arsenals X_{ik} deuten. Wir machen die sinnvolle Annahme

$$C_i(\theta_m) = 0 \quad \text{für} \quad i = 1, \ldots, n \qquad (8.4)$$

und setzen näherungsweise

$$C_i(X) = \sum_{k=1}^{m} c_{ik} \Delta X_{ik} \, , \quad i = 1, \ldots, n \, , \qquad (8.5)$$

wobei

$$c_{ik} = \frac{\partial C_i}{\partial X_{ik}}(\theta_m) \qquad (8.6)$$

ist für $i = 1, \ldots, n$, $k = 1, \ldots, m$. Wir nehmen an, daß alle c_{ik} positiv sind. Definiert man Größen

$$f_{ik}(t) = \frac{c_{ik} \, \Delta X_{ik}(t)}{C_i(X_i(t))} \qquad (8.7)$$

für $i = 1, \ldots, n$, $k = 1, \ldots, m$ und $t = 0, \ldots, N$, so folgt

$$\sum_{k=1}^{m} f_{ik}(t) = 1 \quad \text{für} \quad i = 1, \ldots, n \, , \quad t = 1, \ldots, N \, .$$

Weiter folgt aus (8.2) und (8.7)

$$\Delta S_i(X(t)) = \sum_{j=1}^{n} sc_{ij}(t)\, C_j(X_j(t)) \tag{8.8}$$

für $i = 1, \ldots, n$, wobei

$$sc_{ij}(t) = \sum_{k=1}^{m} \frac{s_{ijk}(X(t))}{c_{jk}}\, f_{jk}(t) \tag{8.9}$$

ist für $i, j = 1, \ldots, n$. Diese Größen werden Sicherheits-Kosten-Koeffizienten genannt. Zur Vereinfachung der Schreibweise setzen wir

$$S_i(t) := S_i(X(t))\,, \quad C_i(t) := C_i(X_i(t))$$
$$\text{für} \quad i = 1, \ldots, n \quad \text{und} \quad t = 0, \ldots, N$$

und erhalten

$$S_i(t+1) = S_i(t) + \sum_{j=1}^{n} sc_{ij}(t)\, C_j(t) \tag{8.10}$$

für $i = 1, \ldots, n$, $t = 0, \ldots, N - 1$.

Die Veränderung der Kosten in Abhängigkeit von den Sicherheitswerten und den zur Zeit t vorliegenden Kosten denken wir uns durch die folgenden Differenzengleichungen beschrieben

$$C_i(t+1) = C_i(t) - k_i\, C_i(t)(C_i^* - C_i(t))(S_i(t) + \tau_i\, \Delta S_i(t)) \tag{8.11}$$

für $i = 1, \ldots, n$ und $t = 0, \ldots, N - 1$.

Dabei sind k_i, C_i^* und τ_i für $i = 1, \ldots, n$ positive Konstanten ($\tau_i = 0$ ist ebenfalls zugelassen), von denen die Größen C_i^* vorgegebene Maximalgrößen für die Kosten sind, die zugelassen werden. Wir erlegen der Dynamik (8.10), (8.11) also noch die Nebenbedingungen

$$0 \le C_i(t) \le C_i^*\,, \quad i = 1, \ldots, n\,, \quad t = 0, \ldots, N \tag{8.12}$$

auf, so daß gilt

$$-k_i\, C_i(t)(C_i^* - C_i(t)) \le 0 \quad \text{für} \quad i = 1, \ldots, n\,, \quad t = 0, \ldots, N\,.$$

Damit ist

$$C_i(t+1) = \begin{cases} \ge C_i(t)\,, & \text{falls} \quad S_i(t) + \tau_i\, \Delta S_i(t) \le 0 \quad \text{ist}\,, \\ \le C_i(t)\,, & \text{falls} \quad S_i(t) + \tau_i\, \Delta S_i(t) \ge 0 \quad \text{ist}\,, \end{cases}$$

worin sich das Rüstungsverhalten widerspiegelt. Die Parameter τ_i geben den Einfluß der Sicherheitswertänderungen $\Delta S_i(t)$ wieder. Ist $\tau_i = 0$, so hängt die Kostenänderung $\Delta C_i(t)$ nur von $C_i(t)$ und $S_i(t)$ ab und zwar in der Form

$$\Delta C_i(t) = f_i(C(t))\, C_i(t) \cdot S_i(t) \tag{8.13}$$

für $i = 1, \ldots, n$ und $t = 0, \ldots, N - 1$ mit

$$f_i(C_i(t)) = -k_i(C_i^* - C_i(t)) \,. \tag{8.14}$$

Die durch (8.10) und (8.11) beschriebene Dynamik der Kosten- und Sicherheitswerte wird schließlich noch durch Anfangsbedingungen

$$S_i(0) = S_{0i} \quad \text{und} \quad C_i(0) = C_{0i} \,, \quad i = 1, \ldots, n \,, \tag{8.15}$$

zur Zeit $t = 0$ festgelegt, wobei die Größen $S_{0i} \in I\!R$ beliebig wählbar sind und die Größen $C_{0i} \in I\!R$ so zu wählen sind, daß gilt

$$0 \leq C_{0i} \leq C_i^* \quad \text{für} \quad i = 1, \ldots, n \,. \tag{8.16}$$

damit die Nebenbedingungen (8.12) für $i = 1, \ldots, n$ und $t = 0$ erfüllt sind.

8.2 Fixpunktlösungen der Modellgleichungen

Definiert man für jedes $t = 0, \ldots, N$ Vektoren

$$S(t) = (S_1(t), \ldots, S_n(t)) \quad \text{und} \quad C(t) = (C_1(t), \ldots, C_n(t))$$

und für jedes $i = 1, \ldots, n$ Funktionen

$$\begin{aligned}
f_i(S(t), C(t)) &= S_i(t) + \sum_{j=n}^{n} sc_{ij}(t) \, C_j(t) \\
g_i(S(t), C(t)) &= C_i(t) - k_i \, C_i(t)(C_i^* - C_i(t)) \\
&\quad \times (S_i(t) + \tau_i \sum_{j=1}^{n} sc_{ij}(t) \, C_j(t))
\end{aligned} \tag{8.17}$$

sowie Vektorfunktionen

$$\begin{aligned}
f(S(t), C(t)) &= (f_1(S(t), C(t)), \ldots, f_n(S(t), C(t))) \,, \\
g(S(t), C(t)) &= (g_1(S(t), C(t)), \ldots, g_n(S(t), C(t))) \,,
\end{aligned} \tag{8.18}$$

so kann man (8.10) und (8.11) in der Form

$$\begin{aligned}
S(t + 1) &= f(S(t), C(t)) \,, \\
C(t + 1) &= g(S(t), C(t))
\end{aligned} \tag{8.19}$$

darstellen für $t = 0, \ldots, N - 1$.

Wir interessieren uns jetzt für die Frage, ob das System (8.19) Fixpunktlösungen besitzt, d.h. Lösungen $\hat{S} = \hat{S}(t)$ und $\hat{C} = \hat{C}(t)$ mit

$$\begin{aligned}
\hat{S}(t) &= f(\hat{S}(t), \hat{C}(t)) \,, \\
\hat{C}(t) &= g(\hat{S}(t), \hat{C}(t))
\end{aligned} \tag{8.20}$$

für $t = 0, \ldots, N$. Diese Bedingungen sind gleichwertig mit den Bedingungen

$$\sum_{j=1}^{n} sc_{ij}(t)\,\hat{C}_j(t) = 0 \tag{8.21}$$

und

$$\hat{C}_i(t)(C_i^* - \hat{C}_i(t))\,\hat{S}_i(t) = 0 \tag{8.22}$$

für $i = 1, \ldots, n$ und $t = 0, \ldots, N$, welche offenbar für

$$\hat{C}(t) = \theta_n \quad \text{und} \quad \hat{S}(t) = \hat{S} \text{ (beliebig)} \in I\!R^n \tag{8.23}$$

für $t = 0, \ldots, N$ erfüllt sind.

Das bedeutet, daß weder Aufrüstung noch Abrüstung erfolgt, wenn keine Nation dafür Kosten aufwendet und ihren Sicherheitswert auch nicht verändert. Das ist offenbar völlig plausibel. Die Frage ist, ob ein Fixpunkt der Form (8.23) auch kontraktiv ist, d.h., daß es eine Umgebung $V(\hat{S}, \theta_n) \subseteq I\!R^{2n}$ von (S, θ_n) gibt derart, daß die Folge $((S(t), C(t))_{t \in I\!N_0}$ mit (8.19) für jede Wahl $(S(0), C(0)) \in V(\hat{S}, \theta_n)$ gegen $(\hat{S}, \theta_n)$ konvergiert.

Um das mathematisch auf einfache Weise untersuchen zu können, nehmen wir an, daß die Sicherheits-Kosten-Koeffizienten $sc_{ij}(t)$ (8.9) konstant gleich sc_{ij} sind. Dann lautet die Jacobi-Matrix der rechten Seite von (8.19) in $(\hat{S}, \theta_n)$, $\hat{S} \in I\!R^n$ beliebig

$$\begin{pmatrix}
1 & 0 & \ldots & 0 & sc_{11} & sc_{12} & \ldots & sc_{1n} \\
0 & 1 & & 0 & & & & \\
\vdots & & & \vdots & \vdots & \vdots & & \vdots \\
0 & 0 & & 1 & sc_{n1} & sc_{n2} & \ldots & sc_{nn} \\
0 & \ldots & & 0 & 1 - k_1 C_1^* \hat{S}_1 & 0 & \ldots & 0 \\
0 & 0 & & 0 & 0 & 1 - k_2 C_2^* \hat{S}_2 & & \vdots \\
\vdots & & 0 & \vdots & \vdots & & & 0 \\
0 & \ldots & & 0 & 0 & & \ldots & 0 \quad 1 - k_n C_n^* \hat{S}_n
\end{pmatrix}$$

und hat $\lambda_1 = \ldots = \lambda_n = 1$ sowie

$$\lambda_{n+j} = 1 - k_j\, C_j^*\, \hat{S}_j \quad \text{für} \quad j = 1, \ldots, n$$

als Eigenwerte. Hieran erkennt man, daß eine Fixpunktlösung der Form (8.23) von (8.19) nicht notwendig kontraktiv ist. Das wäre der Fall, wenn alle Eigenwerte dem Betrage nach kleiner als 1 wären.

Man kann also nicht garantieren, daß die durch (8.10), (8.11) oder äquivalent durch (8.19) festgelegte Rüstungsdynamik notwendig einem Gleichgewichtszustand zustrebt, in dem nicht gerüstet wird, selbst dann nicht, wenn sich der Ausgangszustand zur Zeit $t = 0$ in der Nähe eines solchen befindet. Es erhebt sich daher die Frage, ob das durch einen steuernden Eingriff in das System möglich ist. Dieser Frage wird im folgenden Abschnitt nachgegangen.

8.3   Kostensteuerung der Rüstungsdynamik

Wir denken uns die durch (8.10), (8.11) und (8.15) festgelegte Rüstungsdynamik mit Hilfe
eines Eingriffes in die Kosten gesteuert, indem wir (8.11) ersetzen durch

$$
\begin{aligned}
C_i(t+1) \;=\;& C_i(t) - k_i\, C_i(t)(C_i^* - C_i)(t))(S_i(t) \\
&+\; \tau_i \sum_{j=1}^{n} sc_{ij}(t)\, C_j(t)) + u_i(t+1)
\end{aligned}
\tag{8.11'}
$$

für $i = 1, \ldots, n$ und $t = 0, \ldots, N-1$.

Mit Hilfe der Steuerungsgrößen $u_i(t+1)$ können die Kosten $C_i(t+1)$ verändert werden,
um auf diese Weise gewisse Ziele zu erreichen, z.B. für eine vorgegebene Zeit $t = N$ einen
Zustand $S(N) = \theta_n$, $C(N) = \theta_n$ zu erzielen, in dem nicht mehr gerüstet wird und sich
die Sicherheitswerte $S_i(N) = 0$ einstellen für $i = 1, \ldots, n$. Zu dem Zweck sollen die
Vektoren $u(t) = (u_1(t), \ldots, u_n(t))$ für $t = 1, \ldots, N$ so gewählt werden, daß unter den
Nebenbedingungen (8.10), (8.11'), (8.12), (8.15) die Funktion

$$
f(S(N), C(N)) = \sum_{i=1}^{n} [S_i(N)^2 + C_i(N)^2]
\tag{8.24}
$$

zum Minimum gemacht wird.

Aus (8.11') geht hervor, daß wir durch geeignete Wahl von $u(N) = (u_1(N), \ldots, u_n(N))$
stets erreichen können, daß $C(N) = (C_1(N), \ldots C_n(N)) = \theta_n$ ist. Daher können wir
anstelle von (8.24) auch die Funktion

$$
F(S(N)) = \sum_{i=1}^{n} S_i(N)^2
\tag{8.25}
$$

durch geeignete Wahl von $u(t) = (u_1(t), \ldots, u_n(t))$ zum Minimum machen; denn in einem
Tripel $(\hat{S}(t), \hat{C}(t), u(t))$, $t = 1, \ldots, N$, das (8.24) unter der Nebenbedingungen (8.10),
(8.11'), (8.12), (8.15) zum Minimum macht, wird notwendig $\hat{C}(N) = \theta_n$ sein.

Aus (8.10) ergibt sich

$$
\begin{aligned}
S_i(N) \;=\;& S_i(N-1) + \sum_{j=1}^{n} sc_{ij}(N-1)\, C_j(N-1) \\[4pt]
=\;& S_i(N-2) + \sum_{j=1}^{n} sc_{ij}(N-2)\, C_j(N-2) \\[4pt]
&+\; \sum_{j=1}^{n} sc_{ij}(N-1)\, C_j(N-1) \\[4pt]
=\;& \ldots \\[4pt]
=\;& S_i(0) + \sum_{t=1}^{N-1} \sum_{j=1}^{n} sc_{ij}(t)\, C_j(t)
\end{aligned}
$$

für $i = 1, \ldots, n$.

Annahme: Es sei

$$sc_{ij}(t) = sc_{ij} \ (= \text{const})$$

für alle $i, j = 1, \ldots, n$ und alle $t = 1, \ldots, N - 1$.

Setzt man dann

$$y_j = \sum_{t=1}^{N-1} C_j(t) \ \text{ für } \ j = 1, \ldots, n \ ,$$

so erhält man

$$S_i(N) = S_i(1) + \sum_{j=1}^{n} sc_{ij} \, y_j \ \text{ für } \ i = 1, \ldots, n \ ,$$

wobei

$$S_i(1) = S_i(0) + \sum_{j=1}^{n} sc_{ij} \, C_j(0) = S_{0i} + \sum_{j=1}^{n} sc_{ij} \, C_{0j}$$

ist für $i = 1, \ldots, n$.

Nun betrachten wir das Problem, einen Vektor $y \in I\!R^n$ mit

$$0 \le y_j \le (N - 1) \, C_j^* \ \text{ für } \ j = 1, \ldots, n \tag{8.26}$$

zu finden, der die Funktion

$$g(y) = \sum_{i=1}^{n} \left(S_i(1) + \sum_{j=1}^{n} sc_{ij} \, y_j \right)^2 \tag{8.27}$$

zum Minimum macht.

Sei $\hat{y} \in I\!R^n$ eine Lösung dieses Problems. Dann wählen wir $\hat{C}_1(t), \ldots, \hat{C}_n(t) \in I\!R$ so, daß gilt

$$\sum_{t=1}^{N-1} \hat{C}_j(t) = \hat{y}_j \ \text{ und } \ 0 \le \hat{C}_j(t) \le C_j^* \tag{8.28}$$

für $t = 1, \ldots, N - 1$ und $j = 1, \ldots, n$.

Damit definieren wir

$$\hat{S}_i(t + 1) = \hat{S}_i(t) + \sum_{j=1}^{n} sc_{ij} \, \hat{C}_j(t) \tag{8.29}$$

für $i = 1, \ldots, n$ und $t = 1, \ldots, N - 1$, wobei

$$\hat{S}_i(1) = \hat{S}_i(0) + \sum_{j=1}^{n} sc_{ij} \, \hat{C}_j(0) \ , \ \hat{S}_i(0) = S_{0i} \ \text{ und } \ \hat{C}_i(0) = C_{0i} \tag{8.30}$$

ist für $i = 1, \ldots, n$. Weiter setzen wir $\hat{C}(N) = \theta_n$. Definiert man dann noch

$$\hat{u}_i(t+1) = \hat{C}_i(t+1) - \hat{C}_i(t) + k_i\, \hat{C}_i(t)(C_i^* - \hat{C}_i(t))$$
$$(\hat{S}_i(t) + \tau_i \sum_{j=1}^{n} sc_{ij}\, \hat{C}_j(t)) \tag{8.31}$$

für $i = 1, \ldots, n$ und $t = 1, \ldots, N-1$, sowie

$$u_i(1) = C_i(1) - C_{0i} + k_i\, C_{0i}(C_i^* - C_{0i}) \times (S_{0i} + \tau_i \sum_{j=1}^{n} sc_{ij}\, C_{0i}) \tag{8.32}$$

für $i = 1, \ldots, n$, so sind für das Tripel $(\hat{S}(t), \hat{C}(t), \hat{u}(t))$, $t = 0, \ldots, N$ die Nebenbedingungen (8.10), (8.11'), (8.12) und (8.15) erfüllt und $f(\hat{S}(N))$ (8.25) minimal.

Ist das umgekehrt der Fall, so erfüllt $\hat{y} \in I\!R^n$ mit

$$\hat{y}_j = \sum_{t=1}^{N-1} \hat{C}_1(t) \quad \text{für} \quad j = 1, \ldots, n$$

die Nebenbedingungen (8.26) und minimiert $g = g(y)$ (8.27).

Ergebnis: Um Vektoren $\hat{u}(t) = (\hat{u}_1(t), \ldots, \hat{u}_n(t))$, $t = 1, \ldots, N$, zu finden derart, daß unter den Nebenbedingungen (8.10), (8.11'), (8.12), (8.15) die Funktion (8.24) minimiert wird, hat man zunächst ein $\hat{y} \in I\!R^n$ zu finden, das unter den Nebenbedingungen (8.26) die Funktion (8.27) minimiert. Sodann hat man $\hat{C}_1(t), \ldots, \hat{C}_n(t) \in I\!R$ so zu wählen, daß die Bedingungen (8.28) erfüllt sind, und $\hat{C}(N) = \theta_n$ sowie $\hat{C}(0) = C_0$ zu setzen. Danach definiert man $\hat{S}(0), \ldots, \hat{S}(N)$ gemäß (8.30) und schließlich $\hat{u}(1), \ldots, \hat{u}(N)$ gemäß (8.31), (8.32).

Ein Vektor $\hat{y} \in I\!R^n$, der die Nebenbedingungen (8.26) erfüllt, macht $g = g(y)$ (8.27) genau dann zum Minimum, wenn es Multiplikatoren $\lambda_j^1, \lambda_j^2 \geq 0$, $j = 1, \ldots, n$ gibt mit

$$\lambda_j^1 > 0 \Longrightarrow \hat{y}_j = 0 , \quad \lambda_j^2 > 0 \Longrightarrow y_j = (N-1)\, C_j^*$$

und

$$\frac{\partial g}{\partial y_j}(\hat{y}) = 2 \sum_{i=1}^{n} (S_i(1) + \sum_{k=1}^{n} sc_{ik}\, \hat{y}_k)\, sc_{ij} = \lambda_j^1 - \lambda_j^2 = \lambda_j$$

für $j = 1, \ldots, n$.

Damit bietet sich zur Bestimmung von $\hat{y}$ das folgende Iterationsverfahren an: Man bestimme zunächst $y^0 \in I\!R^n$ derart, daß gilt

$$\frac{\partial g}{\partial y_j}(y^0) = 0 \Longleftrightarrow \sum_{k=1}^{n} b_{jk} y_k^0 = b_j \quad \text{für} \quad j = 1, \ldots, n ,$$

wobei

$$b_{jk} = \sum_{i=1}^{n} sc_{ij}\, sc_{ik} , \quad b_j = -\sum_{i=1}^{n} sc_{ij}\, S_i(1)$$

für $j, k = 1, \ldots, n$.

Sodann definiere man

$$\hat{y}_k^0 = \left\{ \begin{array}{lll} y_k^0 \, , & \text{falls} & 0 \le y_k^0 \le (N-1)\, C_k^* \, , \\[2mm] 0 \, , & \text{falls} & y_k^0 < 0 \, , \\[2mm] C_k^* \, , & \text{falls} & y_0^k > (N-1)\, C_k^* \, , \end{array} \right\} \tag{8.33}$$

und setze $k = 0$. Danach setze man

$$\lambda_j^k = \frac{\partial g}{\partial y_j}(\hat{y}^k) \quad \text{für} \quad j = 1, \ldots, n \, . \tag{8.34}$$

Gelten nun die Implikationen

$$\lambda_j^k > 0 \Longrightarrow \hat{y}_j^k = 0 \quad \text{und} \quad \lambda_j^k < 0 \Longrightarrow \hat{y}_j^k = (N-1)\, C_j^*$$

für alle $j = 1, \ldots, n$, so ist $\hat{y}^k$ optimal. Andernfalls definiere man $\hat{y}^{k+1} \in I\!R^n$ so, daß gilt

$$\begin{array}{lll} \lambda_j^k > 0 & \Longrightarrow & \hat{y}_j^{k+1} = 0 \, , \\[2mm] \lambda_j^k < 0 & \Longrightarrow & \hat{y}_j^{k+1} = (N-1)\, C_j^* \, , \\[2mm] \lambda_j^k = 0 & \Longrightarrow & \hat{y}_j^{k+1} = \hat{y}_j^k \, , \end{array}$$

ersetze k durch $k + 1$ und gehe zu (8.34).

Bemerkung: Anstelle $\hat{y}^0 \in I\!R^n$ nach (8.33) zu bestimmen, könnte man auch $\hat{y}^0 = \theta_n$ setzen und erhielte dann

$$\lambda_j^0 = \frac{\partial g}{\partial y_j}(\hat{y}^0) = 2 \sum_{i=1}^{n} sc_{ij}\, S_i(1) \quad \text{für} \quad j = 1, \ldots, n \, .$$

Anschließend wollen wir noch die Fälle $N = 1$ und $N = 2$ diskutieren. Im Falle $N = 1$ ist

$$S_i(1) = S_{0i} + \sum_{j=1}^{n} c_{ij}(0)\, C_{0j}$$

für $i = 1, \ldots, n$ eindeutig festgelegt und damit auch $f(S(1))$, so daß es gar nichts zu minimieren gibt. Man hat einfach $\hat{u}(1) \in I\!R^n$ so zu wählen, daß $\hat{C}(1) = \theta_n$ ist. Im Falle $N = 2$ ist

$$y_j = C_j(1) \quad \text{für} \quad j = 1, \ldots, n \, .$$

Da es bekanntlich genau ein $\hat{y} \in I\!R^n$ gibt, das unter den Nebenbedingungen (8.26) die Funktion (8.27) zum Minimum macht, falls die Matrix $(sc_{ij})_{i,j=1,\ldots,n}$ nicht-singular ist, ist das Problem, die Funktion (8.24) unter den Nebenbedingungen (8.10), (8.11'), (8.12), (8.15) zu minimieren, ebenfalls eindeutig lösbar; denn aus dem eindeutig bestimmten optimalen Lösungsanteil $\hat{C}(1) \in I\!R^n$ lassen sich $\hat{S}(2)$ und $\hat{u}(1)$ eindeutig berechnen.

Für $N > 2$ gibt es unendlich viele optimale Lösungsanteile $\hat{C}(1), \ldots, \hat{C}(N-1) \in I\!R^n$ und damit auch unendlich viele Lösungen des Ausgangsproblems. Es ist aber für alle diese Lösungen

$$f(\hat{S}(N)) = \sum_{i=1}^{n} (\hat{S}_i(1) + \sum_{j=1}^{n} sc_{ij}\, \hat{y}_j)^2$$

mit

$$\hat{S}(1) = S_{0i} + \sum_{j=1}^{n} sc_{ij}\, C_{0j} \ , \quad \hat{y}_i = \sum_{t=1}^{N-1} \hat{C}_i(t) \ , \quad i = 1, \ldots, n \ ,$$

gleich groß. Wählt man insbesondere

$$\hat{C}(1) = \frac{1}{N-1}\, \hat{y} \ , \quad \hat{C}(t) = \theta_n \quad \text{für} \quad t = 2, \ldots, N-1 \ ,$$

so ist $f(\hat{S}(N))$ gleich dem Minimalwert von f für $N = 2$. Durch Vergrößerung von N kann man für den Minimalwert von f gegenüber dem für $N = 2$ nicht echt verkleinern, kann aber die optimalen Kosten $\hat{C}_i(t)$ für $i = 1, \ldots, n$ auf die Zeiten $t = 1, \ldots, N-2$ noch geeignet verteilen, wenn einem die Entscheidung, die Kosten bereits für $t = 2$ auf Null zu setzen, noch zu früh erscheint.

Läßt man die Annahme, daß die Sicherheits-Kosten-Koeffizienten $sc_{ij}(t)$ konstant seien, fallen, so hat man anstelle von (8.27) die Funktion

$$h(C(1), \ldots, C(N-1)) = \sum_{i=1}^{n} (\sum_{t=1}^{N-1} \sum_{j=1}^{n} sc_{ij}(t)\, C_j(t) + S_i(1))^2 \tag{8.35}$$

zu minimieren unter den Nebenbedingungen

$$0 \le C_i(t) \le C_i^* \ , \quad i = 1, \ldots, n \ , \quad t = 1, \ldots, N-1 \ . \tag{8.36}$$

Sind $\hat{C}(1), \ldots, \hat{C}(N-1) \in I\!R^n$ derart vorgegeben, daß die Bedingungen (8.36) für $C_i(t) = \hat{C}_i(t)$ erfüllt sind, so ist $h(\hat{C}(1), \ldots, \hat{C}(N-1))$ genau dann minimal, wenn es Multiplikatoren $\lambda_i^m(t) \ge 0$ gibt für $i = 1, \ldots, n$, $t = 1, \ldots, N-1$, $m = 1, 2$ derart, daß gilt

$$\lambda_i^1(t) > 0 \implies \hat{C}_i(t) = 0 \ , \quad \lambda_i^2(t) > 0 \implies \hat{C}_i(t) = C_i^* \tag{8.37}$$

$$\frac{\partial h}{\partial C_\ell(t)}\, \hat{C}(1), \ldots, \hat{C}(N-1))$$

$$= \ 2 \sum_{i=1}^{n} (\sum_{t=1}^{N-1} \sum_{j=1}^{n} sc_{ij}(t)\, \hat{C}_j(t) + S_i(1))\, sc_{i\ell}(t) \tag{8.38}$$

$$= \ \lambda_\ell^1(t) - \lambda_\ell^2(t) = \lambda_\ell(t) \quad \text{für} \quad \ell = 1, \ldots, n \ , \quad t = 1, \ldots, N-1 \ .$$

Die Optimalitätsbedingungen (8.37), (8.38) können wieder benutzt werden, um optimale Vektoren $\hat{C}(1), \ldots, \hat{C}(N-1)) \in I\!R^n$ iterativ zu bestimmen. Zu dem Zweck setzen wir $k = 0$, $C^k(1) = \theta_n, \ldots, C^k(N-1) = \theta_n$ und

$$\lambda_\ell^k(t) = \frac{\partial h}{\partial C_\ell(t)}\, (C^k(1), \ldots, C^k(N-1))$$
$$\text{für} \quad \ell = 1, \ldots, n \ , \quad t = 1, \ldots, N-1 \ . \tag{8.39}$$

Gelten die Implikationen

$$\lambda_\ell^k(t) > 0 \implies C_\ell^k(t) = 0 \;, \quad \lambda_\ell^k(t) < 0 \implies C_\ell^k(t) = C_\ell^* \;,$$

so sind die Vektoren $C^k(1), \ldots, C^k(N-1) \in I\!\!R^n$ optimal. Andernfalls definiere man

$$C_\ell^{k+1}(t) = \begin{cases} 0 \;, & \text{falls} \quad \lambda_\ell^k(t) > 0 \;, \\ C_\ell^k(t) \;, & \text{falls} \quad \lambda_\ell^k(t) = 0 \;, \\ C_\ell^* \;, & \text{falls} \quad \lambda_\ell^k(t) < 0 \;, \end{cases}$$

für $\ell = 1, \ldots, n$, $t = 1, \ldots, N-1$, ersetze k durch $k+1$ und gehe zu (8.39).

8.4   Kostensteuerung mit Hilfe linearer Optimierung

Wir kehren noch einmal an den Anfang des vorigen Abschnitts zurück. Erstrebenswert ist offenbar ein Endzustand der Form

$$C_i(N) = 0 \quad \text{und} \quad S_i(N) \geq 0 \quad \text{für} \quad i = 1, \ldots, n \;. \tag{8.40}$$

Wir stellen daher die Frage, ob man Vektoren $u(t) = (u_1(t), \ldots, u_n(t))$ für $t = 1, \ldots, N$ so wählen kann, daß die Bedingungen (8.10), (8.11'), (8.12), (8.15) erfüllt sind und die Endbedingungen (8.40) gelten. Auf Grund der Betrachtungen in Abschnitt 8.3 ist die Frage nach der Realisierbarkeit des Endzustandes (8.40) gleichbedeutend mit der Frage nach der Existenz von Vektoren $C(1), \ldots, C(N-1) \in I\!\!R^n$ mit

$$0 \leq C_i(t) \leq C_i^* \quad \text{für} \quad i = 1, \ldots, n \quad \text{und} \quad t = 1, \ldots, N-1 \tag{8.36}$$

sowie

$$\sum_{t=1}^{N-1} \sum_{j=1}^{n} sc_{ij}(t)\, C_j(t) \geq -S_i(1) \quad \text{für} \quad i = 1, \ldots, n \;. \tag{8.41}$$

Wir nehmen an, es sei

$$sc_{ii}(t) > 0 \quad \text{für alle} \quad i = 1, \ldots, n \quad \text{und} \quad t = 0, \ldots, N-1 \;. \tag{8.42}$$

Weiter setzen wir

$$I_i = \{(j,t) \mid sc_{ij}(t) < 0\} \quad \text{für} \quad i = 1, \ldots, n \;.$$

Annahme: Es gebe Zahlen $C_i^\circ \in [0, C_i^*]$ für $i = 1, \ldots, n$ mit

$$\sum_{(j,t)\in I_i} sc_{ij}(t)\, C_j^* + \Big(\sum_{t=1}^{N-1} sc_{ii}(t)\Big) C_i^\circ \geq -S_i(1) \tag{8.43}$$
$$\text{für} \quad i = 1, \ldots, n \;.$$

Aus dieser Annahme folgt, daß die Bedingungen (8.36), (8.41) erfüllt sind, wenn man die Vektoren $C(1), \ldots, C(N-1) \in I\!R^n$ so wählt, daß gilt $C_i(t) \in [C_i^\circ, C_i^*]$ für $i = 1, \ldots, n$ und $t = 1, \ldots, N-1$.

Man sieht daher, daß unter der Annahme (8.43) die Bedingungen (8.36), (8.41) unter Umständen auf unendlich vielfache Weise erfüllbar sind. Das führt zu dem Problem, Vektoren $C(1), \ldots, C(N-1) \in I\!R^n$ mit (8.36), (8.41) zu finden, für die die Summe

$$g(C(1), \ldots, C(N-1)) = \sum_{t=1}^{N-1} \sum_{i=1}^{n} C_i(t) \tag{8.44}$$

so klein wie möglich ausfällt.

Dieses Problem besitzt eine Lösung, denn die Vektoren $C(1), \ldots, C(N-1) \in I\!R^n$, welche die Bedingungen (8.36) und (8.40) erfüllen, bilden eine nichtleere kompakte Teilmenge von $I\!R^{n(N-1)}$, und die Funktion (8.44) ist stetig auf $I\!R^{n(N-1)}$. Um eine solche Lösung zu bestimmen, betrachten wir das zugehörige duale Problem (im Sinne der linearen Optimierung), welches darin besteht, Vektoren $y(1), \ldots, y(N-1)$, $z \in I\!R^n$ zu finden derart, daß gilt

$$y_i(t) \geq 0 \; , \quad z_i \geq 0 \quad \text{für} \quad i = 1, \ldots, n \quad \text{und} \quad t = 1, \ldots, N-1 \tag{8.45}$$

sowie

$$-y_j(t) + \sum_{i=1}^{n} sc_{ij}(t)\, z_i \leq 1$$
$$\text{für} \quad j = 1, \ldots, n \quad \text{und} \quad t = 1, \ldots, N-1 \tag{8.46}$$

und die Funktion

$$h(y(1), \ldots, y(N-1), z) = \sum_{i=1}^{n} C_i^* \left(\sum_{t=1}^{N-1} (-y_i(t)) \right) - \sum_{i=1}^{n} s_i(1)\, z_i \tag{8.47}$$

maximiert wird.

Definiert man

$$y_i = \tfrac{1}{N-1} \sum_{t=1}^{N-1} y_i(t) \quad \text{und} \quad sc_{ij} = \tfrac{1}{N-1} \sum_{t=1}^{N-1} sc_{ij}(t)$$
$$\text{für} \quad i, j = 1, \ldots, n \; , \tag{8.48}$$

so kann man (8.46) und (8.47) auch in die Form

$$-y_j + \sum_{i=1}^{n} sc_{ij}\, z_i \leq 1 \quad \text{für} \quad j = 1, \ldots, n \tag{8.46'}$$

und

$$h(y, z) = -\sum_{i=1}^{n} (N-1)\, C_i^*\, y_i - \sum_{i=1}^{n} S_i(1)\, z_i \tag{8.47'}$$

überführen, und das duale Problem führt uns zu der Aufgabe, Vektoren $y,\ z \in I\!R^n$ mit

$$y_i \geq 0\ ,\quad z_i \geq 0 \quad \text{für}\quad i = 1,\ldots,n \tag{8.45'}$$

und (8.46') zu finden, die die Funktion (8.47') maximieren. Das hierzu gehörige primale Problem besteht darin, einen Vektor $C \in I\!R^n$ zu finden derart, daß gilt

$$0 \leq C_i \leq (N-1)\, C_i^* \quad \text{für}\quad i = 1,\ldots,n \tag{8.36'}$$

sowie

$$\sum_{j=1}^{n} sc_{ij}\, C_j \geq -S_i(1) \quad \text{für}\quad i = 1,\ldots,n \tag{8.41'}$$

und die Funktion

$$\tilde{g}(C) = \sum_{i=1}^{n} C_i \tag{8.44'}$$

minimiert wird.

Dieses Problem hat eine Lösung $\hat{C} \in I\!R^n$, wenn es Zahlen $C_i^\circ \in [0, C_i^*]$ gibt für $i = 1,\ldots,n$ derart, daß gilt

$$\sum_{sc_{ij}<0} sc_{ij}\, C_j^* + sc_{ij}\, C_i^\circ \geq -S_i(1)$$
$$\text{für}\quad i = 1,\ldots,n\ . \tag{8.43'}$$

Damit besitzt auch das Problem, die Funktion (8.47') unter den Nebenbedingungen (8.45'), (8.46') zum Maximum zu machen, eine Lösung $(\hat{y}, \hat{z}) \in I\!R^{2n}$, und es gilt $\tilde{g}(\hat{C}) = h(\hat{y}, \hat{z})$. Weiter gelten die Implikationen

$$\hat{y}_i > 0 \Longrightarrow \hat{C}_i = (N-1)\, C_i^* \tag{8.49}$$

$$\hat{z}_i > 0 \Longrightarrow \sum_{J=1}^{n} sc_{ij}\, \hat{C}_j = -S_i(1) \tag{8.50}$$

$$\hat{C}_j > 0 \Longrightarrow -\hat{y}_j + \sum_{i=1}^{n} sc_{ij}\, \hat{z}_i = 1\ . \tag{8.51}$$

Eine Lösung $(\hat{y}, \hat{z}) \in I\!R^{2n}$ der genannten Art läßt sich mit Hilfe der Simplex-Methode ermitteln. Dazu führen wir sog. Schlupfvariable $x_i \geq 0$, $i = 1,\ldots,n$, ein, mit deren Hilfe wir (8.46') umschreiben in

$$x_j - y_j + \sum_{i=1}^{n} sc_{ij}\, z_i = 1 \quad \text{für}\quad j = 1,\ldots,n\ . \tag{8.52}$$

Die Simplex-Methode kann dann gestartet werden mit der Ausgangsbasislösung

$$x_i = 1 \quad \text{und} \quad y_i = z_i = 0 \quad \text{für} \quad i = 1, \ldots, n$$

und liefert nach endlich vielen Schritten eine Lösung $(\hat{y}, \hat{z}) \in I\!R^{2n}$ des Problems, die Funktion (8.47') unter den Nebenbedingungen (8.45'), (8.46') zum Maximum zu machen.

Mit Hilfe der Implikationen (8.49), (8.50) läßt sich sodann ein $\hat{C} \in I\!R^n$ ermitteln, welches die Nebenbedingungen (8.36') und (8.41') erfüllt und die Funktion (8.44') zum Minimum macht.

Definiert man nun

$$\hat{C}_i(t) = \frac{\hat{C}_i}{N - 1} \quad \text{für alle} \quad t = 1, \ldots, N - 1 \quad \text{und} \quad i = 1, \ldots, n \, , \tag{8.53}$$

so erfüllen die Vektoren $\hat{C}(1), \ldots, \hat{C}(N - 1) \in I\!R^n$ die Nebenbedingungen (8.36) und (8.41), und es ist

$$g(\hat{C}(1), \ldots, \hat{C}(N - 1)) = \sum_{i=1}^{n} \hat{C}_i = \tilde{g}(\hat{C}) \, .$$

Es ist aber nicht sichergestellt, daß die Vektoren $C(1), \ldots, C(N - 1) \in I\!R^n$ auch die Funktion (8.44) zum Minimum machen.

Um das zu erreichen, müssen wir die Funktion (8.47) unter den Nebenbedingungen (8.45), (8.46) zum Maximum machen. Zu dem Zweck führen wir wieder Schlupfvariable $x_i(t) \geq 0$ ein für $i = 1, \ldots, n$ und $t = 1, \ldots, N - 1$ und schreiben (8.46) um in

$$x_j(t) - y_j(t) + \sum_{i=1}^{n} sc_{ij}(t) \, z_i = 1 \tag{8.46''}$$
$$\text{für} \quad i = 1, \ldots, n \quad \text{und} \quad t = 1, \ldots, N - 1$$

und schreiben die Funktion (8.47) in der Form

$$h(y(1), \ldots, y(N - 1), z) = -\sum_{i=1}^{n} \sum_{t=1}^{N-1} C_i^* \, y_i(t) - \sum_{i=1}^{n} S_i(1) \, z_i \, . \tag{8.47}$$

Zur Lösung können wir wieder die Simplex-Methode anwenden und mit der Ausgangsbasislösung

$$x_j(t) = 1 \quad \text{und} \quad y_j(t) = z_j = 0$$
$$\text{für alle} \quad j = 1, \ldots, n \quad \text{und} \quad t = 1, \ldots, N - 1$$

starten. Nach endlich vielen Schritten erhalten wir dann Vektoren $\hat{y}(1), \ldots, \hat{y}(N - 1)$, $\hat{z} \in I\!R^n$, die (8.45), (8.46) erfüllen und die Funktion (8.47) zum Maximum machen.

Sind $\hat{C}(1), \ldots, \hat{C}(N - 1) \in I\!R^n$ Vektoren, die (8.36), (8.41) erfüllen und die Funktion

(8.44) zum Minimum machen, so gelten die Implikationen

$$\hat{y}_i(t) > 0 \quad \Longrightarrow \quad \hat{C}_i(t) = C_i^* \ ,$$

$$\hat{z}_i > 0 \quad \Longrightarrow \quad \sum_{j=1}^{n} \sum_{t=1}^{N-1} sc_{ij}(t) \, \hat{C}_j(t) = -S_i(1) \ ,$$

$$\hat{C}_j(t) > 0 \quad \Longrightarrow \quad -\hat{y}_j(t) + \sum_{i=1}^{n} sc_{ij}(t) \, \hat{z}_i = 1 \ .$$

8.5 Ein spieltheoretischer Zugang

Wir nehmen an, daß die n Nationen nicht daran interessiert sind, die Summe ihrer Kosten zu minimieren, was ein kooperatives Verhalten wäre. Anstatt dessen versucht jede Nation, ihre eigenen Kosten zu minimieren, was zur typischen Situation eines nicht-kooperativen n-Personen-Spieles führt. Um einen stabilen Zustand zu erreichen, haben die n Nationen dann ein sog. *Nash-Gleichgewicht* zu finden. Zu dem Zweck gehen wir noch einmal von dem Problem aus, unter den Nebenbedingungen (8.36), (8.41) die Funktion (8.44) zum Minimum zu machen. Wir fordern zusätzlich, daß gilt

$$C_i(t) = C_i \quad \text{für alle} \quad t = 1, \ldots, N-1 \quad \text{und alle} \quad i = 1, \ldots, n \ . \tag{8.54}$$

Setzt man dann

$$sc_{ij} = \sum_{t=1}^{N-1} sc_{ij}(t) \quad \text{für} \quad i = 1, \ldots, n \ , \tag{8.55}$$

so lauten die Nebenbedingungen (8.36), (8.41)

$$0 \le C_i \le C_i^* \quad \text{für} \quad i = 1, \ldots, n \ , \tag{8.36"}$$

$$\sum_{j=1}^{n} sc_{ij} \, C_j \ge -S_i(1) \quad \text{für } i = 1, \ldots, n \ . \tag{8.41"}$$

Jede Nation i versucht nun, unter Einhaltung der Nebenbedingungen (8.36") und (8.41") ihre Kosten C_i zu minimieren und ist nicht daran interessiert, die Summe $\sum_{i=1}^{n} C_i$ zum Minimum zu machen.

Nun können im allgemeinen aber nicht alle zugleich ihre eigenen Kosten minimieren und die Nebenbedingungen (8.36"), (8.41") einhalten. Sie müssen daher zu einer Kompromißlösung kommen, die von allen akzeptiert werden kann. Der Kompromiß besteht darin, daß ein Abweichen einer Nation von einer solchen Kompromißlösung für sie höchstens zu einer Verschlechterung führt, wenn die anderen an ihr festhalten. Bezeichnen wir eine solche Lösung mit $\hat{C}(\in {I\!R}^n)$, so muß sie den Nebenbedingungen (8.36"), (8.41") für $C = \hat{C}$ genügen und es muß für jedes $i = 1, \ldots, n$ gelten

$$\hat{C}_i \le C_i \quad \text{für alle} \quad C_i \in [0, C_i^*] \tag{8.56}$$

und

$$\sum_{\substack{j=1 \\ j\neq i}}^{n} sc_{kj}\,\hat{C}_j + sc_{ki}\,C_i \geq -S_k(1) \quad \text{für} \quad k = 1,\ldots,n \ . \tag{8.57}$$

Einen solchen Vektor $\hat{C} \in I\!R^n$ nennt man ein *Nash-Gleichgewicht* .

Ist $C \in I\!R^n$ ein Vektor mit

$$0 \leq \hat{C}_i \leq C_i^* \quad \text{für} \quad i = 1,\ldots,n \tag{8.58}$$

und

$$\sum_{j=1}^{n} sc_{ij}\,\hat{C}_j = -S_i(1) \quad \text{für} \quad i = 1,\ldots,n \ , \tag{8.59}$$

so ist $\hat{C}$ ein Nash-Gleichgewicht . Ist nämlich für ein $i \in \{1,\ldots,n\}$ ein $C_i \in [0, C_i^*]$ mit (8.57) vorgegeben, so folgt aus (8.57) für $k = i$

$$sc_{ii}(C_i - \hat{C}_i) \geq 0$$

und daraus $C_i \geq \hat{C}_i$, da alle sc_{ii} auf Grund der Annahme (8.42) positiv sind.

Wir machen jetzt die weitere Annahme, daß gilt

$$sc_{ij} \leq 0 \quad \text{für alle} \quad i \neq j \tag{8.60}$$

und

$$S_i(1) \leq 0 \quad \text{für alle} \quad i = 1,\ldots,n \ , \tag{8.61}$$

d.h. alle Nationen fühlen sich zur Zeit $t = 1$ nicht sicher und müssen daher Kosten aufwenden, um Sicherheit oder zumindest Nicht-Bedrohung zu erlangen.

Nimmt man noch zusätzlich an, daß das sog. starke Zeilensummenkriterium

$$\sum_{j=1}^{n} sc_{ij} > 0 \quad \text{für} \quad i = 1,\ldots,n \tag{8.62}$$

erfüllt ist, so folgt (siehe z. B. [1], S. 297), daß die Matrix $SC = (sc_{ij})$ von monotoner Art ist, d.h. die Inverse SC^{-1} existiert, und es gilt

$$(y \in I\!R^n,\ y_i \geq 0 \quad \text{für alle} \quad i = 1,\ldots,n) \Longrightarrow ((SC^{-1}y)_i \geq 0 \quad \text{für alle} \quad i = 1,\ldots,n) \ .$$

Daraus folgt, daß das Gleichungssystem (8.59) genau eine Lösung $\hat{C} \in I\!R^n$ besitzt mit

$$\hat{C}_i = -(SC^{-1}S(1))_i \geq 0 \quad \text{für alle} \quad i = 1,\ldots,n \ .$$

Gilt auch noch

$$\hat{C}_i \leq C_i^* \quad \text{für alle} \quad i = 1,\ldots,n \ , \tag{8.63}$$

so ist $\hat{C}$ ein Nash-Gleichgewicht .

Ist das nicht der Fall, so machen wir über (8.59), (8.60) und (8.61) hinaus noch die Annahme

$$sc_{ij}(t) = \widehat{sc}_{ij} \quad \text{für alle} \quad i,j = 1,\ldots,n$$
$$\text{und alle} \quad t = 0,\ldots,N \ . \tag{8.64}$$

Dann folgt aus (8.55)

$$sc_{ij} = (N-1)\,\widehat{sc}_{ij} \quad \text{für alle} \quad i,j = 1,\ldots,n \ .$$

Die Annahmen (8.59) bzw. (8.61) sind gleichbedeutend mit

$$\widehat{sc}_{ij} \leq 0 \quad \text{für alle} \quad i \neq j$$
$$\tag{8.60}$$

bzw.

$$\sum_{j=1}^{n} \widehat{sc}_{ij} > 0 \quad \text{für} \quad i = 1,\ldots,n \ . \tag{8.62}$$

Ist $\tilde{C} \in I\!\!R^n$ mit $\tilde{C}_i \geq 0$ für $i = 1,\ldots,n$ eine Lösung

$$\sum_{j=1}^{n} \widehat{sc}_{ij}\tilde{C}_j = -S_i(1) \quad \text{für} \quad i = 1,\ldots,n \ ,$$

so ist $\hat{C} = \frac{1}{N-1}\,\tilde{C}$ eine Lösung von (8.58) mit $\hat{C}_i \geq 0$ für $i = 1,\ldots,n$.

Für genügend großes $N \geq 2$ erhält man also unter den Annahmen (8.59), (8.60), (8.61) und (8.63) durch Lösung von (8.58) ein Nash-Gleichgewicht $\hat{C} \in I\!\!R^n$.

Literaturverzeichnis

[1] L. Collatz: Funktionalanalysis und numerische Mathematik. Springer-Verlag: Berlin – Göttingen – Heidelberg 1964.

[2] M. Jathe, W. Krabs and J. Scheffran: Control and Game Theoretical Treatment of a Cost-Security Model for Disarmament. To appear in: Math. Meth. Appl. Sci.

Sachverzeichnis